ABC
DU
MAGNÉTISME

Collection ABC

ABC de l'Astrologie, D. de Caumon-Paoli
ABC de la Cartomancie, G. Sciuto
ABC de la Graphologie, M. Moracchini
ABC de l'Hypnose, E. Barone et J. Mandorla
ABC de l'Astrologie Chinoise, D. de Caumon
ABC des Rêves, C. Genest
ABC du Yoga, M.-F. Lemoine
ABC des Tarots, C. H. Silvestre
ABC des Couleurs, D. Béresniak
ABC du Yi-King, B. Ducourant
ABC de la Géomancie, A.-M. Cacciaguerra
ABC de la Morphopsychologie, C. Binet
ABC de la Numérologie, J.-D. Fermier
ABC des Prévisions Astrologiques, D. de Caumon
ABC de la Morphochirologie, M. Bouillon et P. Rouillier
ABC de la Radiesthésie, J.-L. Crozier et J. Mandorla
ABC de la Géobiologie, D. Semelle
ABC Des Expressions du visage, Dr L, Corman
ABC de la chance, G. Schwinn
ABC de la Symbolique du tarot, C. Silvestre-Haéberlé
ABC des Runes, J.-P. Ronecker
ABC de la Numérologie chinoise, J.-D. Fermier
ABC de l'Astrographologie, S. Chermet-Carroy
ABC de la Médecine chinoise, N. Raphaël
ABC de la Relaxation, J. Choque
ABC de Généalogie, V. Gautier
ABC de la Psychologie, C. Morel
ABC des Chakras, D. Lecroq
ABC du QI Gong, L. Dong
ABC de l'Encromancie, U. Mukanda
ABC de la Magie blanche, P. Guérin
ABC des Coïncidences mystérieuses, J. Moisset
ABC de l'Energie pyramidale, J. Warin
ABC de la Connaissance de soi, C. Blin
ABC de l'Ennéagramme, E. Salmon
ABC des Psychothérapies, C. Morel

Collection AUTREMENT

La Numérologie Autrement, M.-L. Roth
L'Astrologie Autrement, M. Duquesne
La Couleur Autrement, B. Gautier
La Dynamique Mentale Autrement, M.-L. Roth
La Voyance Autrement, Corinne Morel
Le Magnétisme Autrement, A. Van Eiszner
La Sophrologie Autrement, A. Payen de la Garenderie
La Graphologie Autrement, S. Chermet-Carroy
La Chirologie Autrement, C. Peyron

JACQUES MANDORLA

ABC
DU
MAGNÉTISME

Préface de Maurice Mességué

Directeur de collection
Michel Grancher

JACQUES
GRANCHER
98, RUE DE VAUGIRARD
75006 · PARIS

A Annie, Laurent et Thomas.

Préface

J'ai lu avec beaucoup d'attention et d'intérêt le très documenté et très enrichissant ABC DU MAGNÉTISME de Jacques Mandorla. C'est un livre sérieux fait par un auteur sérieux.

Parmi les praticiens des médecines douces dont parle Jacques Mandorla, j'en connais tout particulièrement un : Jacques Montagner. Je peux répondre, personnellement, et de sa moralité et de son honnêteté.

Je suis persuadé que dans cinquante ans, les médecins de cette époque future se moqueront des médecins d'aujourd'hui comme ces derniers se moquent de ceux qui vivaient au temps de Molière. Or, la vérité est quelque chose qui bouge et ce n'est pas parce qu'on ne peut pas encore expliquer de façon définitive certains phénomènes — comme le magnétisme — qu'il faut les nier.

Maurice MESSÉGUÉ

Introduction

QU'EST-CE QUE LE MAGNÉTISME ?

Le mot « magnétisme », nous apprend le dictionnaire ROBERT en 9 volumes, est apparu dans la langue française en 1666.

Issu du radical de « magnétique », lui-même emprunté au mot latin « magnes », signifiant aimant, le mot « magnétisme » comporte deux sens :

1) c'est une partie de la physique ayant pour objet l'étude des propriétés des aimants naturels ou artificiels et des divers phénomènes qui en résultent (magnétisme terrestre, magnétisme développé par un courant électrique, magnétisme nucléaire) ;

2) c'est aussi un fluide dont disposeraient certains individus. Ce deuxième sens est issu des travaux de Franz Anton Mesmer qui, le premier, inventa la notion de « magnétisme animal » (que nous évoquerons dans le prochain chapitre). Par extension, ont été nommés magné-

tiseur et magnétisé, les deux pôles entre lesquels se manifeste l'action du fluide magnétique (le terme « magnétisme animal » a depuis souvent été remplacé par celui de « magnétisme humain »... ce qui est plus valorisant pour notre espèce !).

Lorsque la finalité de cette action magnétique consiste à guérir des troubles existant chez le magnétisé, on parle alors de « magnétisme curatif », auquel nous consacrerons une partie importante de ce livre. Enfin, pour être complet, il faut noter qu'on utilise aussi par métaphore le mot magnétisme pour évoquer la fascination, le charme émanant d'une personne.

Dans cet ABC, nous n'évoquerons que ce qui a trait à la notion de fluide (au sens mesmérien du terme, c'est-à-dire datant de 200 ans ; aujourd'hui ce concept de fluide a été remplacé par celui d'énergie, sans que l'on sache précisément de quel type d'énergie il s'agit).

Il est cependant intéressant de remarquer que les deux sens (propriété des aimants et fluide) ont, à certaines périodes de l'histoire du magnétisme, eu tendance à se rapprocher et parfois même à se confondre.

Enfourchons la machine à remonter le temps

Quand les Rois de France jouaient aux magnétiseurs. – Les propositions (honnêtes) de Mesmer – L'après-Mesmer

L'imposition des mains, destinée à soulager la douleur ou parfois même à guérir une maladie, semble avoir été une des premières techniques thérapeutiques employées par l'homme. Ainsi, depuis l'aube des temps, celui-ci a tendance, dans un réflexe instinctif, à porter sa main ou à souffler à l'endroit du corps où il ressent une douleur. En faisant ce geste, il agit sans le savoir, en véritable magnétiseur, « attiré » par le mal (on retrouve, avec ce mot, la notion d'attraction par les aimants) et il posera sa paume là où il souhaitera obtenir un apaisement. La première allusion irréfutable à cette thérapeutique apparut en Haute-Égypte il y a 3500 ans. C'est en effet l'égyptologue Ebers qui découvrit en 1873 dans les ruines de la fameuse Thèbes, la ville aux cent portes où résidait Tout Ankh Amon, un papyrus datant du règne du pharaon Amenophis Ier dans lequel une phrase, apparemment anodine, définissait parfaitement tout à la fois le magnétisme cher à Mesmer et l'autosuggestion selon le Dr Coué : « Pose ta main sur la douleur et dis très fort que la douleur s'en aille. »

C'est d'ailleurs toujours en Égypte que les prêtres pratiquaient dans les temples l'imposition des mains sur les malades et qu'on peut apercevoir aujourd'hui sur de nombreux bas-reliefs, des représentations de la vie quotidienne où l'on voit des personnes imposer les mains sur d'autres. Il est fort probable qu'ensuite les Hébreux rapportèrent cette technique d'Égypte, ce qui explique alors que Jésus-Christ la pratiquait couramment.

Quelques siècles plus tard, chez les Grecs et chez les Romains, on trouve des récits faisant état de guérisons dues à des « frictions ». Celles-ci consistaient à frotter vigoureusement une partie du corps du malade pour provoquer une révulsion (c'est-à-dire un afflux de sang) ou pour faire absorber par la peau des huiles à base de plantes.

I. *Quand les Rois de France jouaient aux magnétiseurs*

Plus près de nous, au Moyen Age, une tradition très ancrée attribuait aux Rois de France un pouvoir qu'eux seuls pouvaient détenir : celui de guérir les écrouelles. Les écrouelles étaient les cicatrices laissées après inflammation et suppuration des ganglions lymphatiques, d'origine tuberculeuse.

La tradition consistait à ce que chaque Roi de France, le jour même de son Sacre, touche les abcès de centaines de malades qu'on venait lui présenter. Le Roi était censé avoir reçu, comme un véritable don de Dieu, le pouvoir de guérir ces malheureux par simple contact du doigt sous leur mâchoire, à condition de dire en même temps : « Le Roi te touche, Dieu te guérisse ! » (Louis XVI a ainsi touché 2400 malades le jour de son sacre !).

Cet usage, datant de Philippe Ier (1060-1108), se perpétua jusqu'à Charles X en 1825. Certains rois, comme Saint-Louis, ajoutaient au toucher des écrouelles un signe de croix afin de montrer que le miracle de la guérison venait aussi de la puissance du Christ.

Mais la France n'avait pas l'exclusivité de ce privilège royal. Les Rois de Hongrie étaient censés guérir la jaunisse, ceux d'Espagne la possession, ceux d'Angleterre l'épilepsie !

En somme, des Rois de France comme Louis XI, François Ier, Charles IX ou Henri III ont joué le rôle de magnétiseur, certes un seul jour de leur vie, mais en toute impunité... puisque l'Ordre des Médecins n'existait pas encore !

Pendant des siècles, rois et manants imposèrent les mains sur différentes plaies ou douleurs, de façon empirique ou par tradition transmise de génération en génération. Mais personne n'avait trouvé un début d'explications ni tenté une série d'expérimentations afin de mieux comprendre ce phénomène.

Le premier véritable théoricien du magnétisme n'apparut que beaucoup plus tard au 15e siècle : ce fut Paracelse (1491-1541), médecin et alchimiste suisse, dont le nom réel était Philippus Theophrastus Bombastus von Hohenheim (sic !).

Paracelse propose une notion nouvelle : « les métaux, les pierres, les racines, les herbes et tous les fruits sont riches de leur propre vie qui est celle du fluide universel, que nous appellerons “ Evestrum ” et que nous pourrions comparer à l'ombre que projette un objet sur un mur ».

Certains chercheurs en parapsychologie affirment qu'il s'agit là de la définition même de l'aura ou corps bioplasmique qu'on peut photographier sous certaines conditions (nous en reparlerons un peu plus loin dans l'ouvrage).

II. *Les propositions (honnêtes) de Mesmer*

Il fallut cependant attendre deux siècles de plus pour que les travaux théoriques sur le magnétisme progressent de façon spectaculaire. L'homme qui donna cette nouvelle impulsion fut Franz Anton Mesmer (1734-1815). Ce médecin allemand pratiqua d'abord à Vienne puis s'installa à Paris où il anima de nombreuses séances pour démontrer le bien-fondé de sa théorie du « mesmérisme ».

Au cours de ces séances dans les salons de l'Hôtel Bouillon (où se pressait la haute société de l'époque — on y verra Marie-Antoinette et le Comte d'Artois), Mesmer prétendait guérir toutes les maladies grâce au fluide qu'il produisait dans un baquet spécial. Ce baquet contenait des bouteilles, du verre pilé, de la limaille de fer magnétisé et du sable. Le tout recouvert d'eau. De ce baquet surgissaient des baguettes de fer (faisant office de conducteurs) que les patients appliquaient sur leurs parties malades.

Mesmer croyait à l'existence d'un fluide universel circulant entre l'homme et l'univers qui serait de même nature que celui reliant les aimants entre eux. Ce dernier étant appelé « magnétisme minéral », Mesmer tout naturellement qualifia le fluide universel de « magnétisme animal », ce qui fut une erreur, puisque ce phénomène n'a rien à voir avec les aimants. Cette erreur subsiste toujours deux siècles plus tard même si certains chercheurs parlent de « magnétisme humain », terme plus valorisant pour notre espèce.

Pour Mesmer, toutes les maladies de l'homme seraient dues à une mauvaise circulation du fluide à l'intérieur du corps humain.

Alors, comment faire pour rétablir une bonne circulation ? Utiliser des aimants qui rééquilibreront la polarité du corps. Mais, constatant qu'il obtenait de meilleurs résultats en touchant les patients avec ses mains, Mesmer fut amené à délaisser ses baquets et à pratiquer le « toucher manuel » ! Cela se traduisit par des réactions violentes (crises convulsives) surtout sur des patientes femmes (dont beaucoup tombaient dans un sommeil hypnotique profond) et parfois même par des guérisons sur certains de ses patients.

On peut aujourd'hui s'interroger sur les effets réels du baquet de Mesmer. Il est probable qu'il ne servait à rien. Par contre, toute la mise en scène (baquet, passes magnétiques, musique jouée pendant les séances) dont Mesmer entourait ses expériences provoquait indéniablement des effets psychologiques et hypnotiques.

Le succès de Mesmer fut foudroyant : les adeptes du mesmérisme se constituèrent en véritable franc-maçonnerie en créant la Société de l'Harmonie Universelle et le Roi Louis XVI offrit même 20 000 livres de rente à Mesmer pour l'encourager à ouvrir un Institut de Recherche et de Soins.

Balzac, dans Ursule Mirouët, décrit parfaitement bien ce qui se passa en France à l'arrivée de Mesmer : « *Après avoir retrouvé le magnétisme, Mesmer vint en France... La France savante s'émut, un débat solennel s'ouvrit... Le magnétisme y fut repoussé par les doubles atteintes des gens religieux et des philosophes matérialistes également alarmés. Le magnétisme, la science favorite de Jésus et l'une des puissances divines remises aux apôtres, ne paraissait pas plus prévu par l'Église que par des disciples de Jean-Jacques (Rousseau) et de Voltaire !* »

Les opposants à Mesmer devinrent de plus en plus nombreux. C'est pourquoi en 1784, le Roi Louis XVI chargea une Commission, composée de membres de l'Académie des Sciences et de la Société Royale de Médecine, de rendre compte de la réalité ou non du phénomène.

Le rapport de la Commission porta un rude coup à la notoriété de Mesmer car il concluait que le fluide universel n'existait pas, que les convulsions étaient dues à l'imagination des patients et — pire — que le traitement mesmérique avait une composante érotique dangereuse pour les mœurs !

Conclusion : la Faculté de Médecine interdit à Mesmer de pratiquer ses séances de magnétisme, ce qui l'obligea à quitter la France.

Cependant l'histoire retiendra surtout que Mesmer fut le premier homme à émettre une doctrine concernant le magnétisme. En effet, en 1779, il publia un « Mémoire sur la découverte du magnétisme animal » dans lequel figurent ses fameuses 27 propositions. Ce mémoire sera la véritable Bible de plusieurs générations de magnétiseurs au 19e et au 20e siècle. Passons donc en revue les 27 propositions en analysant, pour chacune, sa valeur prémonitoire ou son intérêt scientifique.

1re proposition :

« *Il existe une influence mutuelle entre les Corps célestes, la Terre et les Corps animés.* »

Mesmer définit là une loi cosmique bien connue : l'attraction universelle. C'est, pour lui, le postulat de base de sa théorie. Les « corps animés », c'est-à-dire les hommes et les animaux sont aussi soumis à cette influence.

2e proposition :

« *Un fluide universellement répandu, et constitué de manière à ne souffrir aucun vide, dont la subtilité ne permet aucune comparaison et qui de par sa nature est susceptible de recevoir, propager et communiquer toutes les impressions et mouvements, est le moyen de cette influence.* »

Mesmer parle d'un fluide... qu'il ne précise pas. Aujourd'hui, certains chercheurs pensent que le magnétisme serait d'ordre vibratoire.

3ᵉ proposition :

« *Cette action réciproque est soumise à des lois mécaniques, inconnues jusqu'à présent.* »

Mesmer l'avoue : ces lois sont encore inconnues. De nos jours, avec la bio-énergie, certains se réfèrent aux phénomènes de mécanique ondulatoire et d'électricité.

4ᵉ proposition :

« *Il résulte de cette action des effets alternatifs qui peuvent être considérés comme un flux et un reflux.* »

Cet effet alternatif serait-il, par prémonition et un siècle exactement avant Edison, la définition de l'électricité ? Ou bien encore l'annonce de la théorie des pôles magnétiques ?

5ᵉ proposition :

« *Ce flux ou ce reflux est plus ou moins général, plus ou moins particulier, plus ou moins composé selon la nature des causes qui le déterminent.* »

Voilà l'exemple même d'une proposition vague et non scientifique.

6ᵉ proposition :

« *C'est par cette opération (la plus universelle de celles que la Nature nous offre) que les relations d'activité s'exercent entre les corps célestes, la terre et ses parties constitutives.* »

On retrouve là le principe de l'attraction universelle évoqué lors de la 1ʳᵉ proposition.

7e proposition :

« *Les propriétés de la matière et des corps organisés dépendent de cette opération.* »

Cette proposition se rattache encore à la 1re.

8e proposition :

« *Le corps animal éprouve les effets alternatifs de cet agent : et c'est en s'insinuant dans la substance des nerfs qu'il les affecte immédiatement.* »

Mesmer décrit deux actions vérifiées empiriquement depuis : l'influence du magnétisme sur le corps humain et son action sur le système nerveux.

9e proposition :

« *Il se manifeste particulièrement dans le corps humain des propriétés analogues à celles de l'aimant : on y distingue des pôles également divers et opposés, qui peuvent être communiqués, changés, détruits ou renforcés ; le phénomène même de l'inclinaison y est observé.* »

Mesmer fait une allusion à l'aimant, cette pierre magnétique connue depuis l'Antiquité et qui a donné (à tort) son nom au magnétisme alors que ce phénomène n'a rien à voir avec une quelconque aimantation.

10e proposition :

« *La propriété du corps animal qui le rend susceptible de l'influence des corps célestes et de l'action réciproque de ceux qui l'environnent, manifestée par son analogie avec l'aimant, m'a déterminé à la nommer " Magnétisme animal ".* »

C'est la plus importante proposition de la théorie de Mesmer car le terme de « magnétisme animal » apparaît pour la première fois dans son mémoire.

11e proposition :

« *L'action et la vertu du magnétisme animal, ainsi caractérisées, peuvent être communiquées à d'autres corps animés et inanimés. Les uns et les autres en sont plus ou moins susceptibles.* »

Là encore, Mesmer est un génial précurseur car il a bien perçu la notion de transfert d'énergie, d'un émetteur à un récepteur.

12e proposition :

« *Cette action et cette vertu peuvent être renforcées et propagées par ces mêmes corps.* »

Pour Mesmer, le corps a un rôle de conducteur, au sens électrique du terme.

13e proposition :

« *On observe, à l'expérience, l'écoulement d'une matière dont la subtilité pénètre tous les corps, sans perdre notamment de son activité.* »

Parler d'écoulement d'une matière peut paraître suspect ou du moins bizarre. Surtout que le mot matière fait penser à quelque chose de réel, de visible alors qu'aujourd'hui on parle de transfert d'énergie, invisible par l'œil humain.

14e proposition :

« *Son action a lieu à une distance éloignée, sans le secours d'un corps intermédiaire.* »

On sait que le fluide magnétique peut se transmettre sans qu'il y ait contact physique entre le magnétiseur et le magnétisé.

15e proposition :

« *Elle est augmentée et réfléchie par les glaces, comme la lumière.* »

Cette proposition paraît aberrante car l'énergie du magnétisme est invisible, contrairement à la lumière.

16ᵉ proposition :

« *Elle est communiquée, propagée et augmentée par le son.* »

Faut-il interpréter cette proposition comme relatant l'influence auto-suggestive de la voix du magnétiseur ?

17ᵉ proposition :

« *Cette vertu magnétique peut être accumulée, concentrée et transportée.* »

On retrouve dans cette proposition une définition du rôle de support du magnétiseur mais surtout de la fonction des objets magnétisés qui « retiennent » le magnétisme (mouchoirs, photos, coton...) et dont certains magnétiseurs abusent vis-à-vis de leurs patients.

18ᵉ proposition :

« *J'ai dit que les corps animés n'en étaient pas également susceptibles : il en est même, quoique très rares, qui ont une propriété si opposée que leur seule présence détruit tous les effets de ce magnétisme dans les autres corps.* »

S'agit-il « d'anti-magnétisme » comme on parlerait d'anti-matière ?

19ᵉ proposition :

« *Cette vertu opposée pénètre aussi tous les corps, elle peut être également communiquée, propagée, accumulée, concentrée et transportée, réfléchie par les glaces et propagée par le son : ce qui constitue non seulement une privation, mais une vertu opposée positive.* »

Peut-être Mesmer essaie-t-il d'appliquer à sa théorie le principe de l'action-réaction bien connu en physique.

20e proposition :

« *L'aimant, soit naturel, soit artificiel, est, ainsi que les autres corps, susceptible de magnétisme animal, et même de la vertu opposée, sans que ni dans l'un ni dans l'autre cas, son action sur le fer et l'aiguille souffre aucune altération ; ce qui prouve que le principe du magnétisme animal diffère essentiellement de celui du minéral.* »

Encore une proposition peu claire, dans laquelle Mesmer essaye laborieusement de comparer magnétisme animal et magnétisme minéral.

21e proposition :

« *Ce système fournira de nouveaux éclaircissements sur la nature du feu et de la lumière, ainsi que dans la théorie de l'attraction, du flux et du reflux, de l'aimant et de l'électricité.* »

Dans ce texte, Mesmer se laisse emporter : il affirme avoir découvert une sorte de loi universelle du cosmos qui donnera une explication à de nombreux phénomènes physiques qui étonnent l'homme.

22e proposition :

« *Il fera connaître que l'aimant et l'électricité artificielle n'ont à l'égard des maladies que des propriétés communes avec plusieurs autres agents que la nature nous offre et que, s'il est résulté des effets utiles de l'administration de ceux-là, ils sont dus au magnétisme animal.* »

Mesmer affirme ici que le magnétisme de l'aimant et l'électricité sont des thérapeutiques qui donnent des résultats sur les corps vivants grâce au magnétisme animal qui joue alors le rôle de catalyseur. Notons que l'électrothérapie et la magnétothérapie prennent, depuis peu, une place grandissante dans l'arsenal des guérisseurs.

23e proposition :

« *On reconnaîtra par les faits, d'après les règles pratiques que j'établirai, que ce principe peut guérir immédiatement les maladies de nerfs, et médiatement les autres.* »

Mesmer a fort bien perçu l'influence positive du magnétisme sur les maladies de nerfs (aujourd'hui on dirait les maladies psychosomatiques) et indirectement (c'est le sens du mot médiatement) sur les autres.

24e proposition :

« *Qu'avec son secours le médecin est éclairé sur l'usage des médicaments, qu'il perfectionne leur action et qu'il provoque et dirige les crises salutaires, de manière à s'en rendre maître.* »

Si l'accord entre médecins et magnétiseurs s'était vraiment réalisé comme le préconisait Mesmer, il y aurait eu beaucoup moins de procès pour exercice illégal de la médecine, au nom du fameux article L. 372 du Code de la Santé.

25e proposition :

« *En communiquant une méthode, je démontrerai par une théorie nouvelle des maladies, l'utilité universelle du principe que je leur oppose.* »

Mesmer a raison : les magnétiseurs pratiquent aujourd'hui une thérapeutique universellement reconnue... même si une grande partie de ses propositions sont vraiment dépassées.

26e proposition :

« *Avec cette connaissance, le médecin jugera sûrement l'origine, la nature et les progrès des maladies, même les plus compliquées; il en empêchera l'accroissement et parviendra à leur guérison, sans jamais exposer le malade à des effets dangereux ou des suites fâcheuses, quels que soient l'âge, le tempérament et le sexe. Les femmes, même dans l'état de grossesse et lors des accouchements, jouiront du même avantage.* »

Mesmer implique toujours le médecin dans ses écrits. Mais l'avenir ne lui a pas donné raison. Aucun médecin (en tout cas officiellement) ne pratique de nos jours le magnétisme sur ses patients.

27e proposition :

« *Cette doctrine, enfin, mettra le médecin en état de bien juger du degré de santé de chaque individu, et de le préserver des maladies auxquelles il pourrait être exposé. L'art de guérir parviendra ainsi à sa dernière perfection.* »

Superbe dernière phrase, concluant les 27 propositions : « l'art de guérir parviendra ainsi à sa dernière perfection ».

Nous en sommes, hélas pour Mesmer, encore loin.

III. *L'après-Mesmer*

L'après-Mesmer devait révéler de très nombreux chercheurs qui, chacun dans leur domaine, contribuèrent à faire avancer l'idée même du magnétisme. Citons les principaux : le Marquis de Puységur (1751-1825), disciple de Mesmer, qui n'utilisait pas le fameux baquet de son maître mais magnétisait de grands arbres dans sa propriété de Buzancy (dans les Ardennes) puis demandait à ses malades d'apposer leurs mains sur l'écorce du tronc (une grande partie des résultats positifs obtenus étaient, bien entendu, imputables à l'autosuggestion). Il est cependant intéressant de signaler que Puységur semble avoir découvert le somnambulisme en 1734, à l'occasion d'une séance de magnétisme au cours de laquelle un jeune paysan atteint d'une pneumonie s'endormit soudain et se mit à parler à voix haute.

Deleuze (1754-1835), contemporain du Marquis de Puységur, qui réalisa de nombreuses expériences démontrant surtout la double influence (physiologique et psychique) du magnétiseur sur le magnétisé.

Lafontaine (1803-1892), qui a permis au Docteur Braid de prendre conscience de la fascination somnambulique exercée sur un sujet au cours d'une séance de démonstration à Manchester. Le sujet s'endormit, sous l'action magnétique selon Lafontaine, sous l'action hypnotique selon Braid (qui créa à cette occasion le mot hypnotisme).

Enfin, Hector Durville (1849-1923) qui fut le véritable pédagogue du magnétisme. Fondateur de la célèbre école de magnétisme de Paris (où furent formés des magnétiseurs comme ses neveux Henri et Gaston Durville ou Paul-Clément Jagot) Hector Durville, par son enseignement et par ses nombreux écrits (dont le fameux « Magnétisme personnel ou psychique : pour être heureux, fort, bien portant et réussir en tout ») a le plus contribué à vulgariser le magnétisme en Europe.

Si Mesmer constitue, immanquablement, une référence dans l'histoire du magnétisme, certains magnétiseurs, avant et après lui, ont défrayé la chronique par leur charisme, leur pouvoir de guérison et leur notoriété. Ces magnétiseurs, hors du commun, sont, d'après moi, au nombre de cinq. Partons à leur rencontre.

Les magnétiseurs hors du commun

Les prodiges de Jésus-Christ – Raspoutine : le guérisseur débauché – Les miracles de Padre Pio – Le magnétisme de groupe d'Alalouf – Djuna : la magnétiseuse de Brejnev.

D'après mes recherches, la France doit compter plusieurs milliers de magnétiseurs, déclarés ou non. Tous pratiquent leur art dans le but de soigner les malades, à l'aide, en général, de « passes magnétiques »... dont on trouve trace même chez Edgar Poe. En effet, dans une de ses Histoires Extraordinaires, traduites par Charles Beaudelaire, et intitulée « Révélation magnétique », Edgar Poe écrit précisément : « *J'avais depuis longtemps l'habitude de magnétiser M. Vankirk et la susceptibilité vive, l'exaltation du sens magnétique, s'étaient déjà manifestées. M. Vankirk avait beaucoup souffert d'une phtisie avancée, dont les effets les plus cruels avaient été diminués par mes passes.* » La phtisie, certes, mais aussi les zonas, les brûlures, les eczémas, les maladies psychosomatiques, les migraines... de nombreux troubles de l'être humain sont ainsi soignés par magnétisme. Sans pour cela faire passer les magnétiseurs pour des extraterrestres aux pouvoirs surnaturels ! Cependant, quelques-uns ont traversé l'histoire des hommes, laissant une empreinte tellement profonde, que leur réputation a pris la dimension d'un mythe. C'est le cas de Jésus-Christ, Raspoutine, Le Padre Pio, Serge Alalouf et Djuna.

I. *Les prodiges de Jésus-Christ*

Pour beaucoup de gens — croyants ou non —, le plus grand guérisseur que le monde ait connu fut sans conteste Jésus-Christ. En raison de tous les « miracles » qu'il a réalisés au cours de sa vie.

(Il faut noter que les hommes, dès qu'ils sont étonnés par ce qui échappe à leur quotidien, crient immédiatement au miracle... réflexe logique puisque ce mot vient du latin « mirare » : s'étonner ; ainsi, de nos jours, le nom des guérisseurs est toujours associé à la formule « il fait des miracles ».)

S'il n'est pas possible d'étudier ici les guérisons de Jésus-Christ, car elles furent très nombreuses, il est quand même intéressant de citer un passage de l'Évangile du jour de l'Ascension, passage dans lequel Jésus-Christ dit à ses disciples : « *Celui qui croira sera sauvé, mais celui qui ne croira pas sera condamné... Voici les prodiges qui accompagneront ceux qui auront cru : ils chasseront les démons en mon nom ; ils parleront de nouvelles langues ; ils manieront les serpents et s'ils boivent quelque poison mortel, ils n'en éprouveront aucun mal ; ils imposeront les mains sur les malades et les malades seront guéris.* » Par cette formule, Jésus-Christ définit donc ses pouvoirs et affirme à ceux qui ont la foi qu'ils pourront bénéficier des mêmes pouvoirs dont, entre autres, celui de guérir par magnétisme, au moyen de l'imposition des mains.

Cette phrase rapportée par l'Évangile prend une résonance encore plus grande quand on saura que la majorité des magnétiseurs que j'ai étudiés * disent que leur magnétisme est un don de Dieu.

Croyance sincère en la puissance divine ou façon astucieuse de donner une explication irrationnelle de leur pouvoir ?

II. ***Raspoutine : le guérisseur débauché***

Dix-huit siècles plus tard, un autre homme va défrayer la chronique, mais pour des raisons différentes.

Raspoutine (1872-1916), de son vrai nom Grigori Novykh, fut en effet le guérisseur le plus réputé de toute la Russie, réputation acquise en 1905 lorsqu'il guérit le tsarévitch Alexis qui souffrait d'une douloureuse crise d'hémophilie.

Raspoutine, le moujik sibérien, possédait-il vraiment le don de guérir ? Difficile à apprécier aujourd'hui car aucun document sérieux n'a été rédigé à l'époque. Que sait-on réellement de cette guérison du jeune Alexis ? Peu de chose, sinon que Raspoutine faisait asseoir l'enfant devant lui et lui récitait une prière dont personne ne comprenait le texte. Supercherie ou formule magique ? Toujours est-il que Raspoutine réussit à arrêter l'écoulement de sang provoqué par une blessure que l'enfant contracta lors d'une chute. Dès lors, l'impératrice, bouleversée, exigea la présence permanente du moine guérisseur à la cour du tsar Nicolas II.

* Voir *Le Guide des Guérisseurs,* par Jacques Mandorla et Françoise Simpère (Éditions Philippe Lebaud).

Aussitôt après, Raspoutine affirma guérir tous ceux qui étaient en contact physique avec lui. En réalité, Raspoutine dépassa le strict rôle de magnétiseur et de ses impositions de mains, pour, très vite, pratiquer des attouchements physiques et sexuels sur ses malades. D'où son surnom de Raspoutine qui signifie « le débauché ».

Cependant, si on fait abstraction de son côté paillard, il est fort probable que Raspoutine possédait de réelles qualités de magnétiseur et d'hypnotiseur, qualités qu'il utilisa surtout pour satisfaire son propre plaisir... sous prétexte de soigner ses patients (qui étaient en très grande majorité... des patientes !).

Il est curieux de noter que Raspoutine fut introduit à la cour de Nicolas II pour combattre l'influence d'un guérisseur français appelé par le tsar en 1901. Ce thaumaturge français, Maître Philippe (de son vrai nom Philippe Vachot), était un ancien commis boucher qui fut initié aux secrets du guérissage par une sorcière de Lyon !

Raspoutine écarta rapidement son rival, qui revint alors en France, et put ainsi exercer son influence sans limites sur le couple impérial... avant de finir sa vie dans les eaux glacées de la Néva, après avoir absorbé du vin et des gâteaux au cyanure et avoir reçu plusieurs balles dans le corps.

III. ***Les miracles de Padre Pio***

Quelques années plus tard, un religieux (sincère, lui) le Padre Pio, né en 1887 et mort en 1968, étonna le monde scientifique par son don d'ubiquité qui lui permettait d'apparaître en même temps en deux endroits différents, par les stigmates du Christ qu'il portait sur son corps et par le très grand nombre de guérisons qu'il obtenait sur ses fidèles, en utilisant prières et bénédiction de ses mains. C'est d'ailleurs cette dernière pratique qui lui valut le qualificatif de magnétiseur, bien que le Padre Pio ne pratiqua aucune des techniques utilisées habituellement par les magnétiseurs professionnels.

Car Francesco Forgione, ordonné prêtre en mai 1910, à l'âge de 23 ans, ne remplissait aucune fonction officielle de guérisseur.

Pourtant, tout au long de sa vie, il a soulagé ou guéri des milliers de personnes. Sans technique particulière — parfois par la pensée, parfois en touchant de ses mains le malade, parfois par la prière...

Dans son livre « Le vrai visage du Padre Pio » (Fayard), Maria Winowska cite le cas d'un couple dont l'un des enfants souffrait d'une malformation cardiaque et de maladie bleue.

> « *Par peur de son mari Mme M... ne pratiquait pas, mais elle gardait, au fond de son âme, un reste de foi. Elle proposa donc à son mari d'aller, comme dernier recours, chez Padre Pio. Éclat de colère. Puis, réflexion faite : " Après tout, c'est peut-être un magicien ou un bon rebouteux. "*
>
> *Ils profitent donc des congés payés et s'embarquent dans une " vieille bagnole " prêtée à cet effet : père, mère, grand-mère, enfant et chien. Car, me dit plus tard la maman, " on ne savait pas où le laisser ". En cours de route, l'enfant s'est trouvé mal à plusieurs reprises. Pendant la traversée des Alpes, sur une crête, il eut une hémorragie cardiaque qui a failli l'emporter. " Il y avait sur la route tant de caillots de sang, m'a dit Mme M..., que la voiture dérapa. "*
>
> *On arrive enfin à San Giovanni Rotondo. Le garçon, plus mort que vif, a le droit de pénétrer avec son père à la sacristie où Padre Pio ne reçoit " que les hommes ". Il y a foule, Padre Pio repère tout de suite les nouveaux arrivés. Il s'approche et, de son air " bourru ", il dit à l'enfant : " Toi, tu es aussi malade*

que moi ! " De sa main gantée il lui donne un coup en plein cœur. Puis : " Et maintenant, allez-vous-en ! Via, Via ! "

Le père est outré, " Si vous saviez ce qu'il m'a engueulée en sortant de l'église ! " soupire Mme M... ! C'est ta faute ! Nous sommes venus pour rien.

Aussitôt, ils reprennent le chemin du retour. L'enfant est au plus mal. Le père jure et tempête. Cependant dès que l'on eut traversé la frontière, un mieux se manifesta. Arrivé chez lui, Bernard (c'est le nom du garçon) monte au troisième étage quatre à quatre. Lui qui n'avait jamais faim, dévore. Dès le lendemain les médecins, stupéfaits, le déclarent guéri. Point de trace de la " maladie bleue ". Et le cœur " a grossi ".

Tout cela m'a été conté, minutieusement par la brave Mme M... (avec certificats médicaux à l'appui).

Je me permis de la questionner :

— Et votre mari ?

— Il a été tout retourné. Il a même fait ses Pâques !

— Vous êtes donc contents ?

— Je comprends qu'on est contents ! Depuis trois mois, le petit a augmenté de six kilos. Il n'y a qu'une seule complication. Il lui faut deux biftecks par jour ! Avec le traitement de mon mari, vous comprenez... »

IV. *Le magnétisme de groupe d'Alalouf*

Serge Léon Alalouf, mort de façon tragique à Toulouse en 1982 (il fut écrasé par une voiture) est considéré comme le plus grand magnétiseur français de tous les temps. On estime qu'il a traité plus de 4 millions de malades en 40 ans de travail, ce qui fait une moyenne de... 300 par jour ! L'explication de ce rythme infernal est simple : Alalouf soignait à l'aide d'une thérapie de groupe (10, 20, 30 personnes étaient reçues en même temps dans son cabinet... mais aussi dans des autocars stationnant devant sa maison. Dans ce dernier cas, Serge Alalouf montait dans le véhicule, imposait ses mains sur chacun des patients assis sur leur siège et redescendait rapidement pour retourner à son cabinet devant lequel s'étirait une longue file d'attente).

Parmi ces milliers de patients se trouvaient d'importantes personnalités. Comme Édouard Herriot, par exemple. Serge Alalouf, dans son livre « Des mains qui guérissent » (Robert Laffont), rappelle sa rencontre avec l'homme politique.

« *Édouard Herriot, lequel était sujet à des crises de rhumatisme qui le faisaient beaucoup souffrir et qui l'empêchaient de marcher normalement, accepta de me recevoir et se déclara fort satisfait de mes interventions. Cet homme courtois qui était un des chefs du parti radical-socialiste était loin d'être aussi sceptique qu'on l'imaginait généralement et il ne rejetait pas systématiquement, au nom d'une prétendue science, ce qu'il ne pouvait pas expliquer. Il constatait que j'avais un fluide bénéfique puisqu'il le soulageait et il trouvait cela extraordinaire.*

— *Il y a tellement de choses que nous ne pouvons pas expliquer, remarqua-t-il, et qui n'en existent pas moins !* »

Serge Alalouf, surnommé « l'homme radioactif », a reconnu avoir guéri près de 400 000 malades sur les 4 millions qui ont été exposés au magnétisme de ses mains. Cela représente donc un taux de réussite de l'ordre de 10 %. Parmi ceux-ci, et en dehors d'Édouard Herriot, figurèrent Alphonse XIII, Gandhi, Jean Anouilh...

Jésus-Christ, Raspoutine, le Padre Pio, Serge Alalouf : tous ont disparu. Qui possède donc aujourd'hui le titre (officieux mais très envié) de meilleur magnétiseur du monde ? Une femme : Djuna.

V. *Djuna : la magnétiseuse de l'Est*

Sous ce prénom se cache une troublante et séduisante femme d'une quarantaine d'années. Son nom ? Davitashvili. Originaire de Tbilissi, en Arménie Soviétique, guérisseuse officielle du régime communiste, Djuna passe pour avoir soigné les plus grands dignitaires de l'État Soviétique. Ainsi, on rapporte qu'elle a prolongé de plusieurs années la vie de Léonid Brejnev. Ce qui est certain, c'est que Djuna participe à de nombreuses expériences en laboratoire avec des parapsychologues soviétiques — tests de magnétisme à distance, parfois sur plusieurs milliers de kilomètres ; longues séances d'enregistrement d'encéphalogrammes et électrocardiogrammes pour mesurer les modifications ressenties lors d'une action de magnétisme, etc. En reconnaissance de ses facultés parapsychiques, elle figure parmi les membres de la Nomenklatura, cette « caste » de privilégiés régnant sur l'URSS.

Aujourd'hui Djuna, nommée « docteur honoris causa » par l'Académie des Sciences, est devenue millionnaire et demande plus de 1 000 francs par séance de magnétisme... dans un pays où la médecine officielle est gratuite !

Pour mieux comprendre le magnétisme

Magnétisme et hypnotisme – Le magnétisme, l'homme et le cosmos – Les travaux du professeur Rocard – Notre corps est-il entouré d'une aura ?

I. *Magnétisme et hypnotisme*

Quand Franz Anton Mesmer créa en 1775 l'expression « magnétisme animal », dans sa « Lettre sur la cure magnétique à un médecin résidant à l'étranger », il n'imaginait sûrement pas que le fait d'avoir choisi volontairement le terme « magnétisme » pour caractériser le fluide dont disposent certaines personnes (alors que jusqu'à cette date ce mot recouvrait l'étude des propriétés de l'aimant naturel ou artificiel), il allait être au centre d'un débat qui durerait pendant deux siècles (sans être d'ailleurs terminé aujourd'hui), entre médecins, guérisseurs, physiciens, parapsychologues... Tous ces spécialistes ont, depuis, mené un combat acharné soit pour opposer les deux concepts, soit au contraire pour les amalgamer.

Au cours du 19e siècle, la notion s'est même compliquée car, par extension, le mot de magnétisme a été utilisé pour désigner l'ensemble des phénomènes par lesquels se manifeste chez le récepteur (le magnétisé) l'action du fluide magnétique de l'émetteur (le magnétiseur). Et, dans cet ensemble, est apparu un phénomène majeur, autonome, spectaculaire, qui provoquait un sommeil artificiel. Nous avons vu que l'Écossais James Braid en 1844 l'appela « hypnose », mot forgé à partir du grec « hypnos » qui signifie « sommeil ».

En réalité, l'hypnose n'est pas un sommeil mais un autre état de la conscience. L'hypnose fait partie intégrante de notre vie. On la rencontre, sans le savoir, dans un grand nombre de situations quotidiennes, chaque fois qu'une suggestion extérieure a accès à notre système neuro-végétatif.

Par exemple quand un politicien sollicite votre bulletin de vote ou qu'un message publicitaire excite vos papilles gustatives et vous fait rêver en évoquant un plaisir : c'est le début d'un acte hypnotique.

L'hypnose * est un état normal, caractérisé par le fait que la vigilance de l'individu est modifiée. Mais l'hypnose peut aussi être accidentelle : vous conduisez votre voiture la nuit et la fatigue vous gagne. La monotonie de l'autoroute, la régularité des lumières, le mouvement de l'essuie-glace, le bruit, provoquent peu à peu un relâchement de votre attention ; vous glissez dans un état différent et les risques d'accident augmentent. A tel point qu'on étudie actuellement, pour les routiers, des volants capables d'émettre des sons en cas de baisse de pression des mains, c'est-à-dire

* Pour en savoir plus, lire *ABC de l'Hypnose,* d'Éric Barone et Jacques Mandorla (Jacques Grancher, éditeur).

en cas de baisse de vigilance ! Contrairement à ce qu'on peut penser, l'hypnose n'a rien à voir avec le sommeil. Dans l'état de sommeil naturel, la relation avec le monde extérieur est coupée. Dans l'état d'hypnose, le sujet accepte certaines relations avec le monde extérieur. De plus, alors que le sommeil conduit à l'immobilité, l'hypnose permet d'accomplir tous les actes de la vie courante, par exemple se déplacer, travailler, conduire une voiture, danser, jouer d'un instrument de musique. C'est pourquoi un sujet hypnotisé peut garder ses yeux ouverts, sa vigilance étant concentrée sur la vision ou l'audition.

Alors qu'aujourd'hui hypnose et magnétisme sont très nettement dissociés (l'hypnose ayant été « récupérée » par la médecine alors que le magnétisme continue d'être tabou), un siècle encore après la parution de la théorie du magnétisme animal de Mesmer, les deux concepts continuaient d'être confondus, comme en témoigne Gustave Flaubert dans « Bouvard et Pécuchet » (1881) : « *Il prit dans sa bibliothèque le guide du magnétiseur... et initia Bouvard à la théorie. Tous les corps animés reçoivent et communiquent l'influence des astres. Propriété analogue à la vertu de l'aimant. En dirigeant cette force, on peut guérir les malades, voilà le principe. La science, depuis Mesmer, s'est développée mais il importe toujours de verser le fluide et de faire des passes qui, premièrement, doivent endormir.* »

La langue française a d'ailleurs conservé cette confusion puisque lorsqu'on parle de quelqu'un dont la présence charme, fascine, hypnotise, on dit de lui qu'il magnétise. Pierre Janet, dans son ouvrage « *Les Médications psychologiques* » rappelle justement que « *l'hypnotisme est sorti graduellement de l'ancien magnétisme animal et n'est pas autre chose que la production artificielle du somnambulisme. Il peut se définir comme une transformation momentanée de l'état mental d'un individu, déterminée artificiellement par un autre homme et suffisante pour amener des dissociations de la mémoire personnelle.* »

Aujourd'hui, hypnotisme et magnétisme semblent ne pas s'être réconciliés car très peu de magnétiseurs pratiquent les techniques hypnotiques... et réciproquement, peu d'hypnothérapeutes utilisent le magnétisme pour guérir.

Cependant, au cours du 20e siècle, les explications scientifiques concernant le magnétisme ont beaucoup évolué : à la notion incorrecte de fluide évoquant une idée de liquide, réel, visible, qui s'écoule, a été substituée une notion d'ondes, transmettant les effets « magnétiques ». Mais jusqu'à présent, aucun appareil de laboratoire n'est parvenu à mesurer quoi que ce soit de vibratoire.

Les querelles entre chercheurs risquent même de redoubler d'intensité, car, très récemment, une notion nouvelle est apparue : l'être humain possèderait de la magnétite dans le corps, ce qui expliquerait, semble-t-il, certains phénomènes liés au magnétisme. Mais lorsqu'on sait que la magnétite est un oxyde magnétique de fer se trouvant abondamment dans la nature sous forme de minerai et appelé aimant naturel, cela devient troublant. Deux cents ans après Mesmer, on retrouve donc l'apparentement terrible, qu'il avait osé annoncer, entre magnétisme-aimant et magnétisme-fluide. L'homme serait-il donc un aimant vivant soumis aux champs magnétiques terrestres, lunaires, solaires et aux actions magnétiques des magnétiseurs ?

II. *Le magnétisme, l'homme et le cosmos*

Plus personne aujourd'hui n'ose nier l'influence du cosmos sur l'être humain, aboutissant à la notion d' « horloge biologique ». Cette belle formule cherche à exprimer l'idée que chacun de nous est sans le savoir soumis aux rythmes de l'univers.

L'astrologie ne dit rien d'autre d'ailleurs = tout individu

aurait sa destinée écrite à partir de la configuration relative des planètes dans son ciel de naissance.

Notre horloge biologique personnelle n'est cependant pas réglée, comme on pourrait le penser, sur le cycle terrestre de 24 heures mais plutôt sur un cycle de 24 heures et 50 minutes... c'est-à-dire sur celui du jour lunaire. Ceci a d'ailleurs été vérifié par des expériences « hors du temps » comme celle du spéléologue français Michel Siffre qui a passé 52 jours dans un gouffre. A cette occasion, on a, en effet, pu constater que l'homme, à l'abri du soleil, prend le rythme du jour lunaire et non celui du jour terrestre.

Étonnant phénomène, trouvant son explication, selon certains, dans le fait que la lune aurait été, il y a 10 à 15 000 ans, beaucoup plus proche de la terre qu'à notre époque (quelques milliers de kilomètres seulement contre 380 000 kms en moyenne à l'heure actuelle). Cette proximité de notre satellite aurait alors véritablement conditionné tous les êtres vivant sur terre, au point de les programmer sur un cycle de 24 h 50, cycle biologique conservé par l'homme, jusqu'à aujourd'hui.

Difficile de savoir si cette hypothèse est réaliste ou si elle n'est que l'élucubration de quelques esprits dérangés. Ce qui est certain, c'est que vous et moi subissons, de façon inconsciente, de nombreuses influences de la lune.

La principale est celle qui crée le phénomène des marées. Savez-vous que ces oscillations alternatives de la mer provenant de l'attraction réciproque de la lune et de la terre s'amplifient considérablement quand l'attraction du soleil se conjugue avec celle de la lune : ce sont alors les grandes marées. Savez-vous aussi que la lune — lorsqu'elle est « pleine » — provoque des perturbations importantes et parfois mortelles sur l'individu. Car la pleine lune — tous les hôpitaux le savent bien — a une action stimulatrice violente et spectaculaire sur les êtres humains, provoquant des accouchements prématurés, des dépressions nerveuses pouvant conduire au suicide ou encore des ruptures d'anévrisme (éclatement d'un vaisseau sanguin débouchant sur une hémorragie interne souvent fatale).

Mais la lune agit aussi sur les règles des femmes. Une récente enquête réalisée en Chine sur 800 femmes ayant des cycles menstruels très réguliers et publiés en 1986 par Science et Avenir, montre qu'il existe une corrélation entre les phases du cycle lunaire et la probabilité de venue des règles. En surveillant ces femmes pendant 4 mois, on a constaté que dans 37 % des cas les règles surviennent à la nouvelle lune, dans 23 % des cas seulement lors du premier quartier et dans 20 % des cas lors du dernier quartier ou à la pleine lune.

La lune agit même sur la pousse des cheveux ! Un coiffeur parisien, Djelani Maachi, rencontra un jour un vieux paysan normand dont les cheveux blancs étaient superbes. Son secret : il se les coupait uniquement les nuits de pleine lune. Cette astuce permettrait, semble-t-il, de voir les cheveux pousser près de deux fois plus vite : 17 millimètres par mois contre 10 normalement. Convaincu, ce coiffeur a, depuis, ouvert son salon, situé au 40 rue Coquillière près des Halles, les nuits de pleine lune, de 22 heures à 6 heures du matin.

N'oublions pas que l'inconscient collectif de l'homme a conservé en mémoire cette influence de la pleine lune, en mythifiant le loup-garou, ce personnage inquiétant des légendes et superstitions populaires, à forme de loup, qui errait les nuits de pleine lune à travers la campagne.

Et les policiers de tous les pays n'ignorent pas que le nombre d'agressions et de crimes augmente considérablement ces nuits-là. Rappelez-vous le film-reportage de François Reichenbach : « Houston-Texas ». Caméra au poing, Reichenbach était au Texas pour tourner un long métrage sur le travail des policiers de cette ville. S'il était là, ce n'était pas un hasard : Houston détient le triste record de la ville ayant le taux de criminalité le plus élevé des États-Unis !

C'est la raison pour laquelle sa police dispose d'un matériel informatique très sophistiqué, avec, entre autres, une banque de données phénoménale, contenant tous les incidents, accidents, viols, crimes, hold-up commis dans la ville depuis plusieurs années, avec date, heure, lieu, etc.

Reichenbach demanda au lieutenant, chef de la police, s'il pouvait assister « en direct » à une arrestation. Le policier sourit puis pianota avec assurance sur le clavier. L'ordinateur afficha alors sa réponse sur l'écran : « le 26 août prochain, c'est une nuit de pleine lune. Selon nos calculs de probabilités, il y aura un crime cette nuit-là, vraisemblablement dans le quartier x... » !

Ce qu'avait prévu l'ordinateur arriva vraiment. En effet, cette nuit de pleine lune du 26 août 1979, un certain Charlie Bass tua un policier. L'équipe de tournage, avec Reichenbach à sa tête, est arrivée sur le lieu du crime quelques minutes seulement après le drame. Et le film raconte toute l'affaire : la découverte du policier assassiné, la chasse au tueur, son arrestation, ses confidences en prison. (Charlie Bass fut condamné à la peine de mort et exécuté en 1986.)

Curieuse pleine lune qui, par une influence invisible mais réelle due à l'attraction universelle, perturbe étrangement le métabolisme et l'horloge biologique de l'être humain.

L'homme est-il magnétique ?

S'il n'y a plus de doute aujourd'hui à propos des influences du cosmos sur l'individu, on se demande encore ce qui peut bien être d'ordre magnétique dans le corps humain. Cette question, des chercheurs (physiciens, parapsychologues, médecins, ingénieurs...) se la sont souvent posée. Mais aucune réponse irréfutable n'a encore pu être apportée.

Le Professeur Yves Rocard, ex-directeur du laboratoire de physique de l'École Normale Supérieure, ancien responsable au Comité de l'Énergie Atomique du programme de recherches sur la bombe atomique française et père de Michel Rocard, a beaucoup réfléchi et beaucoup testé dans ce domaine. Depuis qu'il est à la retraite, il s'occupe en priorité de magnétisme, après avoir fait la preuve — par ses travaux sur la baguette des sourciers et sur le pendule des radiesthésistes* — qu'une approche scientifique des problèmes parapsychologiques est possible pour un chercheur de sa trempe, n'ayant aucun préjugé et possédant un esprit très ouvert. Le professeur Yves Rocard a ainsi démontré et mesuré à l'aide d'un magnétomètre à protons que le corps humain peut ressentir des variations du champ magnétique de l'ordre de quelques cents millièmes du champ terrestre ! Ce qui signifie que lorsqu'un homme traverse des endroits soumis à des chaos magnétiques, il subit sans s'en rendre compte un déséquilibre physique de son corps l'obligeant à faire des efforts musculaires. Résultat : une fatigue accrue.

C'est ce même type de fatigue qui peut apparaître dans ce que certains auteurs à sensation appellent « les maisons à cancer ». De quoi s'agit-il exactement ? D'un phénomène curieux mais angoissant. On a constaté que d'importants troubles physiques mais aussi psychiques apparaissent plus fortement et plus durablement chez les habitants de certaines maisons alors que ces troubles ne sont absolument pas ressentis par leurs voisins, même si les maisons sont mitoyennes. L'explication ? Il pourrait s'agir d'effets magnétiques locaux ou de cours d'eau souterrains qui se croisent sous la maison (qualifiée dans ce cas de maison à cancer).

Pour le Docteur Jean-Pierre Maschi, médecin généraliste installé à Nice, après avoir quitté Madagascar en 1963, le responsable serait plutôt la pollution électrique.

* Voir *Les Sourciers* (PUF) et *Le pendule explorateur* (Éditions ERG).

Une habitation trop fortement exposée à des courants à haute tension sera soumise à un champ électromagnétique dangereux pour l'individu, ce qui pourra occasionner d'après lui certains rhumatismes et la sclérose en plaques. Ce médecin soigne ces maladies depuis une vingtaine d'années à l'aide de sels minéraux, de pommades personnelles et de conseils d'hygiène de vie. Cela lui a valu d'être radié de l'Ordre des Médecins en 1968.

Les spécialistes des ondes de forme et ceux qui se préoccupent de cette nouvelle science appelée « médecine de l'habitat » en savent beaucoup plus qu'ils ne veulent le faire croire. La vraie difficulté pour eux réside dans le fait qu'il faut plusieurs dizaines d'années avant de mesurer l'efficacité réelle de ces courants néfastes sur l'individu et de pouvoir ensuite agir.

On vient de voir qu'on détient suffisamment de preuves des influences cosmiques perçues par l'être humain. Pourtant, beaucoup se demandent encore ce qui réagit à l'intérieur du corps lorsque par exemple un magnétiseur impose ses mains sur un malade.

Des biologistes américains ont fait à ce propos une découverte intéressante... que j'ai pu vérifier personnellement et... à mon insu !

Le jour où je suis devenu cobaye

Une étrange aventure m'est arrivée au cours de l'enquête destinée à mon livre écrit en collaboration avec Françoise Simpère : « Le guide des guérisseurs ». Un jour d'avril 1985, j'ai été mis en présence d'un phénomène spectaculaire et troublant. Cela s'est passé chez Jacques Montagner, magnétiseur à Rueil-Malmaison. La séance a duré une quinzaine de minutes : les dix premières furent consacrées à l'imposition de ses mains sur mon occiput. le corps allongé et relaxé. Les cinq autres à des passes rapides, sur tout le corps, debout. En pleine séance, un seul fait à noter : quand Jacques Montagner m'a magnétisé longuement derrière le crâne, j'ai ressenti une très forte chaleur émaner de ses paumes et envahir ma nuque.

Mais l'insolite est survenu peu après avoir quitté le magnétiseur : dans la voiture, sur le chemin du retour, une douleur, d'abord légère puis de plus en plus forte, apparut à un endroit totalement inhabituel : mes arcades sourcilières ! Rien à voir avec les traditionnelles migraines qui vous martèlent l'intérieur du crâne. Non, dans ce cas, je ressentais comme une « barre » uniquement située dans chaque arcade sourcilière. Cette douleur inédite et pénible dura toute la journée sans que je trouve une quelconque explication.

Celle-ci arriva pourtant le jour même par l'intermédiaire d'un appel téléphonique. En fin de journée, mon téléphone sonna. A l'autre bout du fil, M. Raphaël Vacinny, magnétiseur à Laval, qui m'appelait pour m'informer qu'il en était à son 20e jour de grève de la faim. Il avait en effet entrepris cette dernière afin d'obtenir un rendez-vous avec le ministre de la Santé dans le but de présenter le programme de son Groupement, programme destiné à séparer les magnétiseurs sérieux des charlatans comme on sépare le bon grain de l'ivraie.

Au cours de notre conversation téléphonique, M. Vacinny (qui ignorait — et ignore toujours d'ailleurs — les douleurs qui m'assaillaient) me demanda si j'avais lu un passionnant article paru peu de temps auparavant dans l'Autre Journal (mars 1985).

N'ayant pas vu l'article, je lui demandais une photocopie que je reçus le lendemain. Il s'agissait d'une interview du Professeur Yves Rocard (toujours lui) qui déclarait : « *Aux États-Unis, on en est à chercher la magnétite dans le cerveau. Et l'on sait que le sang comporte des globules rouges, portant beaucoup d'hémoglobine et que l'acide désoxyribonucléique est ferromagnétique quand il cristal-*

lise... Il est établi que l'homme a bien de petits dépôts de magnétite dans un certain nombre d'endroits du corps, notamment dans les arcades sourcilières. *Ces dépôts, ce n'est pas moi qui les ai trouvés. Ce sont de vrais biologistes, avec de vrais microscopes électroniques... Chacun d'entre nous a de la magnétite dans le corps.* »

Ainsi, ma douleur était expliquée (et qui plus est, le jour même, par un curieux hasard !).

Le magnétiseur, Jacques Montagner, avait donc excité la magnétite présente dans mes arcades en créant une sorte de « champ magnétique » avec ses mains.

Le magnétisme : un véritable 6e sens ?

Depuis plusieurs siècles, l'homme a prouvé, bien avant l'ère électronique et ses détecteurs sophistiqués, qu'il pouvait repérer des accumulations d'eau, des sources, des masses métalliques sous terre avec une simple baguette de bois (en général, elle était taillée en forme d'Y dans du coudrier, bois de la famille du noisetier). Aujourd'hui, pour des expérimentations scientifiques, le coudrier est remplacé par la fibre de verre. Signe des temps.

Un peu plus loin dans le chapitre « Magnétisme et radiesthésie », nous évoquerons l'âge d'or de ces fabuleux sourciers qu'on a trop souvent raillés dans les villes alors qu'ils accomplissaient un fantastique travail de localisation des nappes d'eau dans les campagnes.

Les savants ayant constaté que certaines personnes sont indéniablement douées (mais est-ce réellement un don ?) pour détecter des anomalies magnétiques dans le sol, se sont demandés si, dans la nature, d'autres êtres vivants ne possédaient pas des caractéristiques identiques. Ainsi, depuis la fin de la Deuxième Guerre mondiale, des physiciens soviétiques et américains ont démontré que de très puissants champs magnétiques influencent la croissance des animaux et des plantes et provoquent chez l'être humain l'apparition de points lumineux intenses et durables dans les yeux — scientifiquement, on appelle ces points des phosphènes rétiniens. Les phosphènes peuvent être obtenus beaucoup plus facilement, sans soumettre le sujet à l'action d'un champ magnétique. Une simple lampe suffit, équipée d'une ampoule blanche (c'est-à-dire dont on ne voit pas le filament), d'une puissance de 75 à 100 watts. Mettez-vous dans une pièce obscure et fixez l'ampoule pendant 30 secondes, à un mètre cinquante environ. La fixation doit se faire sans bouger les globes oculaires. Lorsque vous aurez éteint la lampe, vous devriez voir apparaître des tâches lumineuses colorées, qui vont se succéder dans l'ordre suivant : jaune entouré de rouge,

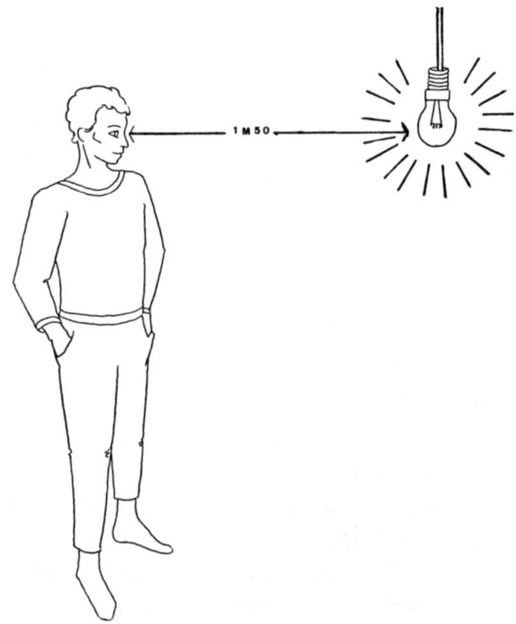

Fixer l'ampoule pendant 30 secondes.
Puis éteindre et rester dans l'obscurité.

puis rouge seul, puis bleu, puis nuage gris (appelé « lueur diffuse »).

En France, les travaux les plus avancés sur ce qu'on nomme le phosphénisme sont dus au docteur Francis Lefebure et concernent le développement de la mémoire, l'amélioration de la perception des rêves ou l'accroissement de la faculté de clairvoyance.

Très récemment on a observé que les pigeons voyageurs, les abeilles, les baleines, les dauphins sont totalement perturbés dès qu'on les soumet à des champs magnétiques artificiels : on peut affirmer, pour prendre une image liée aux phénomènes de magnétisme et d'aimantation, que ces animaux sont véritablement « déboussolés » !

Leur trajectoire, dans les airs ou dans l'eau, selon le cas, devient alors totalement erratique : les pigeons voyageurs ne retrouvent plus le lieu qu'ils doivent rejoindre, les abeilles ont toutes les peines du monde à réintégrer leur ruche, les baleines et les dauphins s'échouent par bandes entières sur les plages. (On a cru, jusqu'à présent, que ces derniers se suicidaient. En réalité, ils perdent probablement leur sens d'orientation parce qu'ils ont traversé un champ magnétique puissant ou bien une zone polluée de l'océan, la pollution étant créée par les produits de vidange des bateaux).

Or, la grande découverte qu'ont faite les biologistes américains Gould et Kirschvink, de l'université de Princeton, est exceptionnelle : tous ces animaux possèdent de minuscules aiguilles de magnétite à la base de leur cerveau ! Soumettez cette magnétite à de puissants champs magnétiques et vous perturberez leur horloge biologique.

III. ***Les travaux du professeur Rocard***

Le professeur Rocard fut le premier à émettre l'hypothèse que le corps humain contenait de la magnétite (Fe3 04), c'est-à-dire des cristaux d'aimant naturel.

Deux faits lui donnent raison : le premier c'est incontestablement la découverte scientifique d'un biologiste anglais, Robin Baker, de l'université de Manchester, qui vient de localiser, à l'aide d'un puissant microscope électronique, des cristaux de magnétite dans les arcades sourcilières d'un cadavre et le second c'est plus modestement la découverte empirique de votre serviteur (évoquée un peu plus haut) à qui une douleur tenace de quelques heures a appris que nos pauvres arcades étaient effectivement chargées de magnétite, stimulée par la puissante action d'un magnétiseur (Jacques Montagner).

Pour le professeur Yves Rocard, la nature a placé de la magnétite dans différentes articulations de l'homme, sous forme de cristaux, qu'on trouve deux par deux au même étage et symétriques par rapport à l'axe vertical.

Où se trouve la magnétite ?

Ces cristaux de magnétite, découverts à l'aide de patientes mesures du professeur Rocard, se retrouvent dans sept endroits du corps humain et en fait à six niveaux, symétriques à droite et à gauche :

1. ***dans les arcades sourcilières :*** sur les tendons des muscles oculomoteurs, servant à tourner les yeux sans bouger la tête.

2. ***dans la nuque :*** sur les tendons des muscles qui permettent à l'homme de tenir sa tête verticale.

3. ***dans les coudes :*** au creux des coudes, exactement aux attaches des biceps.

4. ***dans le bas du dos :*** aux points d'attache des muscles lombaires.

5. ***dans les genoux :*** au creux même des genoux.

6. ***dans les talons :*** sur la verticale des os des jambes, à 6 centimètres en avant de la base arrière du talon et pratiquement à 1 cm du sol.

7. ***dans le gros orteil :*** dans l'articulation de la première phalange, à 1 cm du sol aussi.

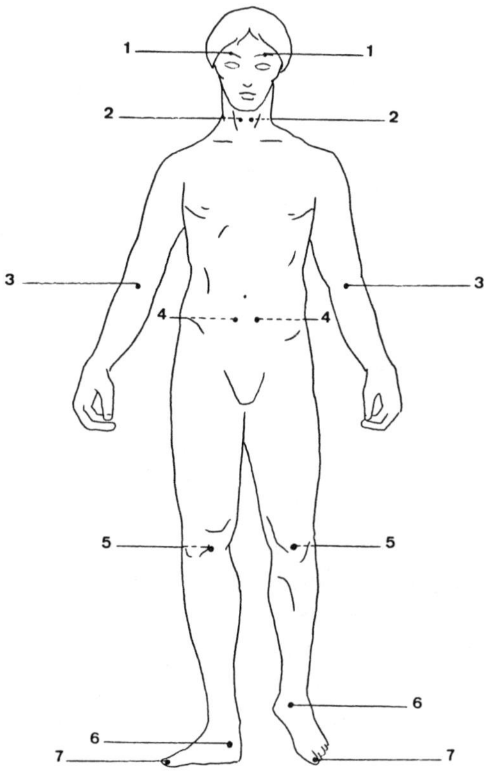

Mais à quoi peuvent bien servir tous ces « centres magnétiques », répartis ainsi assez régulièrement sur notre corps ? A maintenir notre équilibre et à nous éviter de tomber, surtout lorsque nous traversons des endroits à forts chaos magnétiques qui sollicitent et fatiguent nos muscles. Ils servaient peut-être davantage à l'homme préhistorique qui n'avait pas de lumière pour se déplacer la nuit, en devant conserver son équilibre, sans l'usage de ses yeux qui voient l'horizon. Si chacun d'entre nous a de la magnétite dans le corps, se peut-il que les mains des magnétiseurs (ces « outils » qui servent à transmettre leur « fluide » aux malades) contiennent aussi de la magnétite ?

De la magnétite dans les mains des magnétiseurs ?

Pour Yves Rocard, il ne fait aucun doute que le magnétiseur professionnel a de la magnétite dans les mains. Pour illustrer cette hypothèse, le professeur Rocard pratique systématiquement le test suivant (figure n° 1) : il tient un pendule assez lourd immobile dans sa main droite. Le pendule expérimental est fait d'un fil relativement long, de près d'un mètre, avec une masse importante au bout pour être moins sensible aux tremblements physiologiques involontaires du sujet qui tient le pendule. Ensuite, il fait appuyer un objet en fer (trousseau de clés, par exemple) sur son arcade sourcilière gauche — le pendule se met alors à tourner dans un sens déterminé, par exemple dans le sens des aiguilles d'une montre (figure n° 2). Preuve que les arcades sourcilières sont sensibles aux stimulations magnétiques. L'explication du professeur Rocard est la suivante : la clé en fer devient un petit aimant dans le champ magnétique terrestre et produit à son tour un petit champ magnétique perturbateur. (Au moment de mettre sous presse, le professeur Rocard m'a fait part d'une nouvelle découverte qu'il a faite : en magnétisant pendant 5 minutes les pattes d'un chien, à l'aide d'un champ de l'ordre de 100 gauss, il a constaté que les talons, à l'endroit où il a localisé de la magnétite, deviennent alors aimantés. Le champ obtenu est de l'ordre de 5 à 20 gamma et dure plusieurs heures avant de s'effondrer. Pour le professeur Rocard, « c'est la preuve physique qu'il y a une réalité dans la croyance au magnétisme animal de Mesmer »).

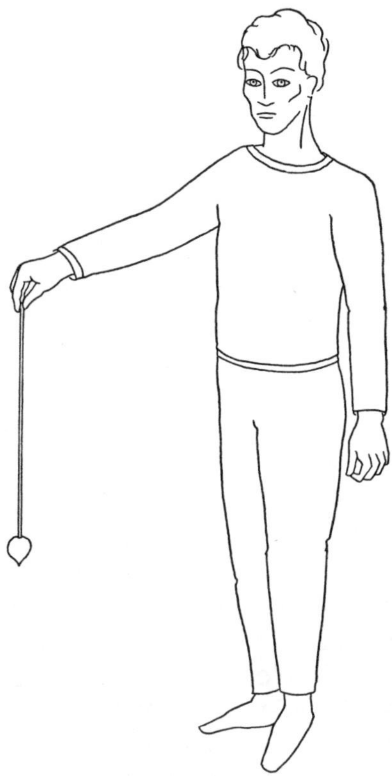

Figure n° 1 : *position de départ du pendule.*

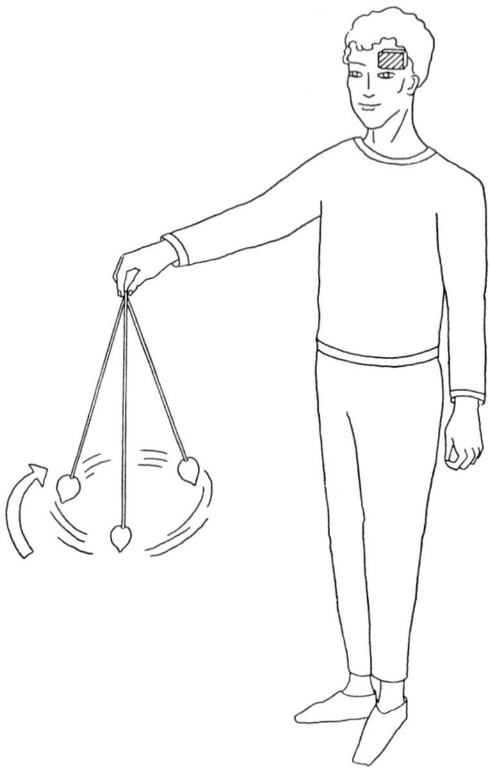

Figure n° 2 : *rotation du pendule après pose d'un petit objet en fer sur l'arcade sourcilière.*

Mais le professeur Rocard a fait une constatation étonnante : si on remplace la masse métallique par les doigts de la main d'un magnétiseur, le pendule se met alors à tourner aussi et dans le même sens, alors que pour un individu " normal " (c'est-à-dire ne possédant pas de magnétisme), le pendule reste immobile.

Preuve, pour Yves Rocard, que les magnétiseurs ont de la magnétite dans les mains. Plus exactement, dans les articulations des doigts. De quoi fournir, d'après lui, un champ de l'ordre d'un milligauss si la main vient au contact.

Figure n° 3 : *le pendule tourne aussi dans le sens des aiguilles d'une montre quand l'aimant est remplacé par la main d'un magnétiseur.*

Autant dire qu'il faudrait, pour mesurer ce champ, un appareil très sophistiqué et très sensible.

On peut se demander pourquoi certains individus privilégiés possèdent un magnétisme exceptionnel ? D'après le professeur Rocard, cette capacité de l'homme remonterait aux temps préhistoriques. Mais comment l'ont-ils acquise ? Vivant en contact direct avec la nature, on peut estimer qu'ils ont été magnétisés par des éclairs d'orage. En effet, il faut savoir que dans un éclair d'orage passent de 50 000 à 100 000 ampères et qu'il suffit d'un éclair frappant le sol à une cinquantaine de mètres d'un homme pour le saturer magnétiquement.

Ce « potentiel magnétique » venu du ciel a très bien pu se transmettre alors de génération en génération. Puis cette particularité s'est sérieusement émoussée au cours de la période qui a suivi l'âge de pierre, c'est-à-dire l'âge du fer, période au cours de laquelle l'homme fut mis en contact quasi permanent avec des objets en fer.

La majorité des individus perdit alors sa surcharge magnétique. Depuis, seuls les sujets doués, fort chargés, témoins vivants de « l'homomagnéticus » de l'aube des temps, conservent cette propriété. Résultat : aujourd'hui, d'après le professeur Rocard, il n'y aurait plus qu'un individu sur mille ou sur dix mille possédant un fort potentiel magnétique.

Et, parmi eux, les magnétiseurs. Mais on peut se poser la question de savoir si le fait de disposer de cristaux de magnétite dans les mains suffit à expliquer pourquoi les magnétiseurs arrivent à guérir un malade. Nous traiterons en profondeur cette question dans le chapitre « le magnétisme qui guérit ». Notons cependant l'explication personnelle du professeur Rocard. Pour lui, le patient est un sujet qui réagit aux effets physiques du magnétiseur : il est donc stimulé par les impulsions fournies par la magnétite située dans les doigts du magnétiseur et ces impulsions réveillent chez lui des réflexes qui apportent alors un soulagement, un « mieux-être ». Autrement dit, le magnétiseur obtiendrait ses résultats sur des sujets plutôt déjà doués.

Si le professeur Rocard estime que les mains des magnétiseurs possèdent de la magnétite, d'autres chercheurs affirment qu'elles dégagent une énergie mesurable et photographiable.

Tout part d'un couple de Soviétiques, les Kirlian, qui firent, dans les années trente, une découverte dont les conséquences furent sous-estimées à l'époque. L'erreur, depuis, a été réparée.

IV. *Notre corps est-il entouré d'une aura ?*

Depuis l'Antiquité, on nous parle d'un corps invisible qui entourerait notre corps physique : l'aura.

Cette aura est une émanation si subtile (comme l'exprime son étymologie latine, « aura » signifiant « souffle d'air ») qu'elle a traversé les siècles avec son mystère. Et même si les dénominations se firent plus nombreuses : corps subtil, corps éthérique, halo lumineux (qu'on trouve sur les tableaux autour de la tête des saints et de Jésus-Christ), les explications demeurèrent toujours aussi rares. Ainsi que les preuves. (Lire à ce propos l'intéressant ouvrage du docteur Janine Fontaine : « La Médecine des 3 corps », chez Robert Laffont).

Jusqu'à ce jour de 1939 où un électricien russe de Krasmodar, Semione Kirlian, découvrit, par hasard, en travaillant sur des appareils à haute fréquence, que des efflorescences lumineuses apparaissaient autour des corps vivants. Avec sa femme Valentina, Semione Kirlian effectuera des milliers de photographies de ce qu'on appellera après la Deuxième Guerre mondiale : l'effet Kirlian.

De quoi s'agit-il exactement? Du corps astral dont tous les livres d'occultisme ont parlé? De l'âme humaine comme l'ont affirmé certains? D'un halo lumineux visible seulement par quelques initiés et médiums? Les résultats des travaux du couple Kirlian mirent plus de 30 ans avant de parvenir en Occident. Vraisemblablement parce que des chercheurs furent détachés en exclusivité sur ce dossier par l'Académie des Sciences de l'URSS et que les résultats de leurs recherches furent tenus secrets pendant toute cette période.

Aujourd'hui, on comprend beaucoup mieux ce qu'est cet « effet Kirlian ». Il s'agit d'un phénomène facilement photographiable à l'aide d'appareils électroniques sophistiqués dont le principe consiste à émettre et à photographier un champ électrique de haute tension (pouvant aller jusqu'à 50 000 volts), distribué en haute fréquence (jusqu'à 10 000 hertz). Rappelons que la haute tension n'est en aucun cas dangereuse quand l'ampérage est très faible (c'est le cas des appareils à effet Kirlian qui ont un ampérage de 0,01 ampère), alors qu'une haute tension avec ampérage élevé (de l'ordre de 2 ampères) est mortelle (comme dans la « chaise électrique » servant à exécuter un condamné à mort). Cette émission n'a pas besoin d'être longue (quelques secondes suffisent) : il importe seulement de travailler en lumière dite « inactinique » (c'est-à-dire n'ayant aucune action chimique sur l'émulsion du film soumis au rayonnement de l'appareil).

La photo étant faite, que voit-on réellement ? Un halo lumineux, plus ou moins puissant, plus ou moins coloré, autour du corps physique photographié. Les Soviétiques ont nommé ce phénomène lumineux le « corps énergie » ou « corps bioplasmique » et ils ont observé trois faits essentiels :

1) ce halo est un baromètre de la santé du patient (s'il est malade, l'intensité du halo diminue) ;

2) ce halo est lié au corps physique (ainsi ils ont, paraît-il, photographié un jour un sujet amputé d'une jambe : sur la photo, le halo épousait la forme du membre manquant ! Nous n'avons malheureusement aucun document permettant de vérifier le sérieux de cette allégation) ;

3) ce halo est un véritable détecteur de maladies : on a, en effet, constaté que toute variation du halo (baisse d'intensité, changement de couleur...) est annonciateur d'une perturbation physique (et même psychologique) à venir.

On perçoit immédiatement toutes les possibilités offertes par ces appareils : bilans de santé, prévention des maladies, « check-up » photographique remplissant le rôle de véritable carte d'identité de l'énergie vitale de l'individu.

Certains magnétiseurs français se sont déjà équipés de ce type d'appareils pour dresser un diagnostic du patient.

Ce diagnostic intitulé « bilan bioénergétique* » est destiné à révéler les déficiences organiques et les troubles psychologiques d'un individu au moyen de deux photos distinctes, après changement de réglage de l'appareil, (l'une pour le bilan pathologique, l'autre pour le bilan psychologique).

Faites votre bilan de santé bioénergétique

Pouvoir « lire » ses maladies sur simple photo, cela paraît surprenant. Pour y arriver, il suffit de présenter ses extrémités à l'appareil, c'est-à-dire ses 2 mains et ses 2 pieds. De supporter quelques grésillements bizarres suivis d'étincelles bleutées puis une minute d'attente en lumière rouge (développement oblige).

Et voilà le résultat.

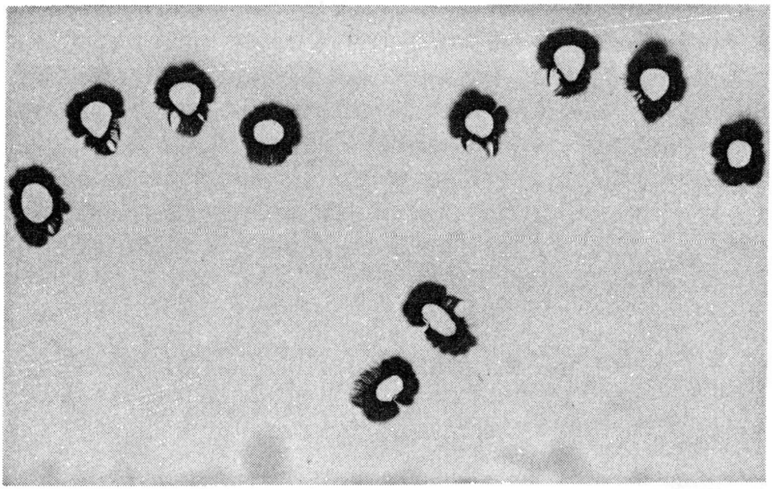

*La Société Madesign-Photo, dirigée par Guy Gruais, 20, rue de la Michodière, 75002 Paris (tél. : 01 47 42 39 88) fabrique et commercialise ces appareils « électrophotoniques » à effet Kirlian. Leur prix se situe entre 2 500 F et 20 000 F TTC. Cette société établit aussi des bilans bioénergétiques complets pour 300 F (photos des deux mains et des deux pieds ainsi qu'une analyse des états pathologique et psychologique).

Reste alors à interpréter la photo. C'est l'exercice le plus difficile car chaque halo entourant un doigt ou un orteil est constitué d'une sorte d'auréole composée d'éruptions lumineuses plus ou moins régulières. Ce qui donne à chaque doigt un aspect de ce type.

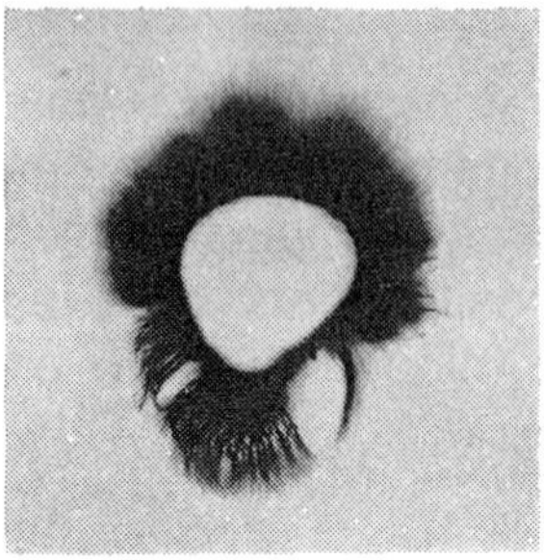

Agrandissement du majeur de la main droite.

Après avoir effectué plus de 70 000 photos Kirlian sur des sujets malades, un chercheur allemand, Peter Mandel, a isolé de très nombreux points lumineux... qui correspondent au tracé des méridiens d'acupuncture ! Et sur les 20 empreintes digitales de l'individu (pieds et mains), il a pu localiser les principaux organes et dresser ainsi des cartes détaillées, véritable topographie de l'être humain (voir tableau pages suivantes).

Si on veut résumer (très brièvement !) les travaux de Mandel, on peut retenir les éléments suivants :

1) les dix doigts des mains concernent les rapports énergie/organes au-dessus du diaphragme, de la façon suivante :

— pouce : dents, nez, oreilles, amygdales,
— index : gros intestin, colonne vertébrale,
— majeur : maître du cœur, altération musculaire,
— annulaire : thyroïde, ovaires, testicules,
— auriculaire : cœur, intestin-grêle.

2) les dix doigts des pieds concernent les rapports énergie/organes au-dessous du diaphragme, de la façon suivante :

— gros orteil : rate, foie, pancréas,
— deuxième orteil : estomac, altération articulaire,
— troisième orteil : altération cutanée et du tissu conjonctif,
— quatrième orteil : bile, métabolisme lipidique,
— petit orteil : reins, vessie.

En étudiant les cartes de Mandel, il est donc possible de faire un diagnostic en partant du principe que toute irrégularité ou disparition du rayonnement lumineux indique un déséquilibre énergétique de l'organe concerné.

La tentation fut alors grande de tester des magnétiseurs pour savoir si le « pouvoir » (le fluide, comme disent les patients) qui passe par leurs mains laisse ou non une trace sur la plaque photographique de l'appareil Kirlian.

Une neuropsychiatre de l'Université de Los Angeles, Thelma Moss, fit des expériences sur plusieurs magnétiseurs. Elle démontra — preuves photographiques à l'appui — que l'énergie bioénergétique des magnétiseurs est plus importante que celle d'un sujet « normal ». Mais surtout elle constata que, lors d'une séance de magnétisme au cours de laquelle le magnétiseur impose ses mains sur son patient, il y avait bien transfert d'énergie bioplasmique. En effet, pendant la séance, l' « aura » des mains du magnétiseur diminue alors que celle du patient augmente. A la fin de la séance, les deux « auras » ont tendance à retrouver leur bioénergie initiale, le patient conservant cependant un surplus d'énergie transmis par le magnétiseur !

Cette expérience réalisée aux États-Unis, j'ai tenu à la faire moi-même en France, avec le magnétiseur Jacques Montagner, le 22 janvier 1987. Pour en connaître les résultats, reportez-vous au chapitre 6 : « A la découverte du meilleur magnétiseur français. »

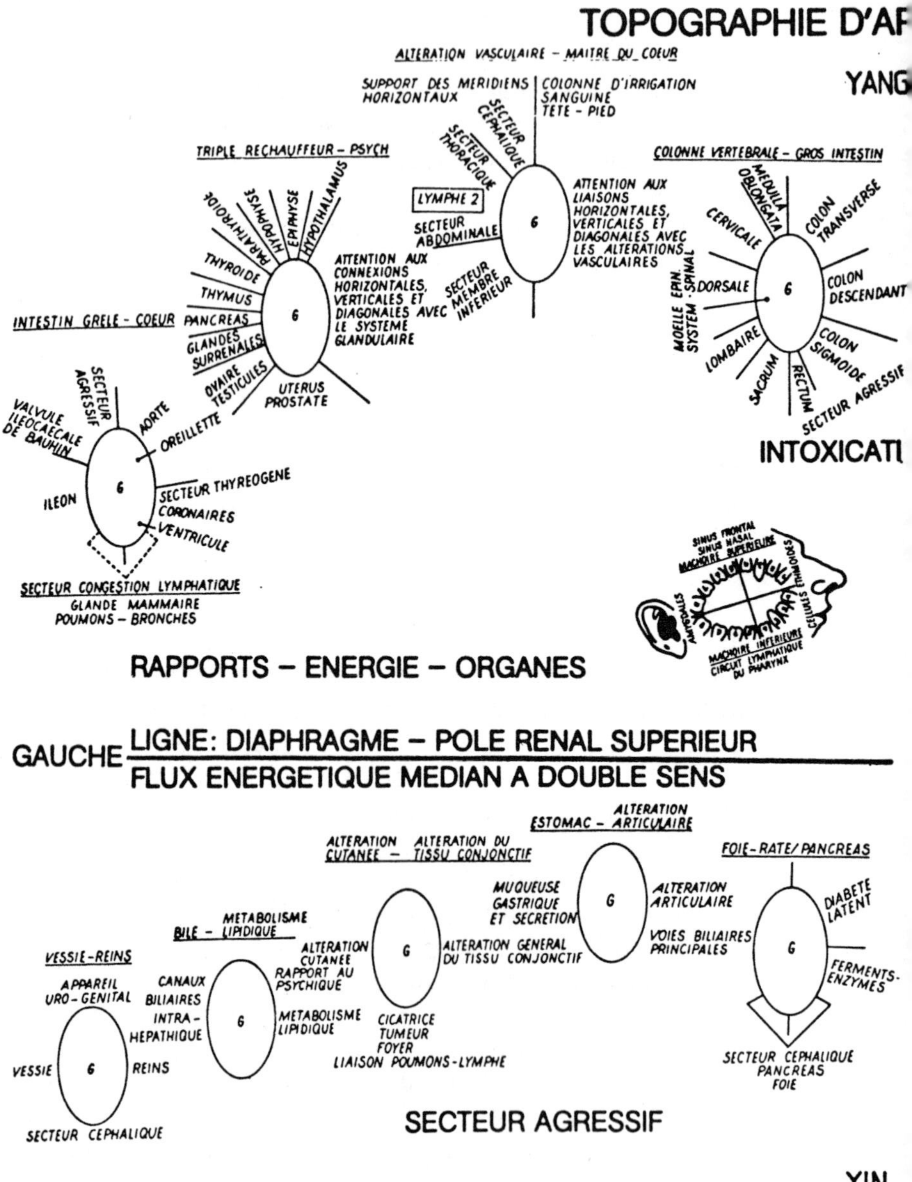
TOPOGRAPHIE D'AF
YANG
ALTERATION VASCULAIRE – MAITRE DU COEUR
SUPPORT DES MERIDIENS HORIZONTAUX
COLONNE D'IRRIGATION SANGUINE TETE - PIED
SECTEUR CEPHALIQUE
SECTEUR THORACIQUE
LYMPHE 2
SECTEUR ABDOMINALE
SECTEUR MEMBRE INFERIEUR
ATTENTION AUX LIAISONS HORIZONTALES, VERTICALES ET DIAGONALES AVEC LES ALTERATIONS VASCULAIRES
TRIPLE RECHAUFFEUR – PSYCH
HYPOTHALAMUS
EPIPHYSE
HYPOPHYSE
PARATHYROIDE
THYROIDE
THYMUS
PANCREAS
GLANDES SURRENALES
OVAIRE TESTICULES
UTERUS PROSTATE
ATTENTION AUX CONNEXIONS HORIZONTALES, VERTICALES ET DIAGONALES AVEC LE SYSTEME GLANDULAIRE
INTESTIN GRELE – COEUR
SECTEUR AGRESSIF
VALVULE ILEOCAECALE DE BAUHIN
AORTE
OREILLETTE
ILEON
SECTEUR THYREOGENE
CORONAIRES
VENTRICULE
SECTEUR CONGESTION LYMPHATIQUE
GLANDE MAMMAIRE
POUMONS – BRONCHES
COLONNE VERTEBRALE – GROS INTESTIN
MEDULLA OBLONGATA
CERVICALE
COLON TRANSVERSE
DORSALE
COLON DESCENDANT
MOELLE EPIN. SYSTEM SPINAL
LOMBAIRE
COLON SIGMOIDE
SACRUM
RECTUM
SECTEUR AGRESSIF
INTOXICATI
SINUS FRONTAL
SINUS NASAL
MACHOIRE SUPERIEURE
CELLULES ETHMOIDES
AMYGDALES
MACHOIRE INFERIEURE
CIRCUIT LYMPHATIQUE DU PHARYNX
RAPPORTS – ENERGIE – ORGANES
GAUCHE
LIGNE: DIAPHRAGME – POLE RENAL SUPERIEUR
FLUX ENERGETIQUE MEDIAN A DOUBLE SENS
ALTERATION ESTOMAC – ARTICULAIRE
MUQUEUSE GASTRIQUE ET SECRETION
ALTERATION ARTICULAIRE
VOIES BILIAIRES PRINCIPALES
ALTERATION CUTANEE – ALTERATION DU TISSU CONJONCTIF
ALTERATION CUTANEE
RAPPORT AU PSYCHIQUE
METABOLISME LIPIDIQUE
ALTERATION GENERAL DU TISSU CONJONCTIF
CICATRICE
TUMEUR
FOYER
LIAISON POUMONS-LYMPHE
FOIE-RATE/PANCREAS
DIABETE LATENT
FERMENTS-ENZYMES
SECTEUR CEPHALIQUE
PANCREAS
FOIE
BILE – METABOLISME LIPIDIQUE
CANAUX BILIAIRES INTRA-HEPATHIQUE
VESSIE-REINS
APPAREIL URO-GENITAL
VESSIE
REINS
SECTEUR CEPHALIQUE
SECTEUR AGRESSIF
YIN

RES PETER MANDEL

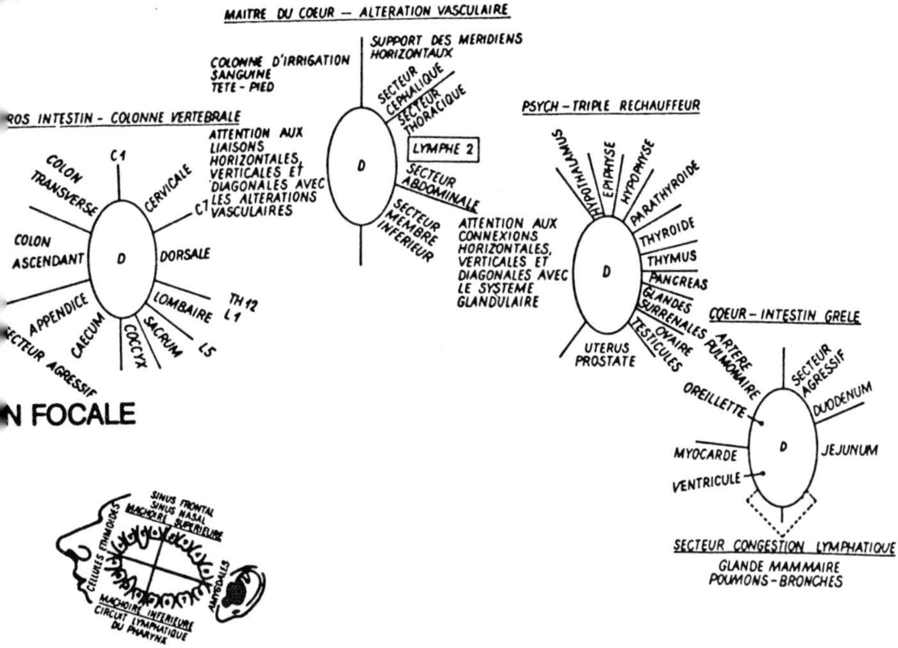

DROITE

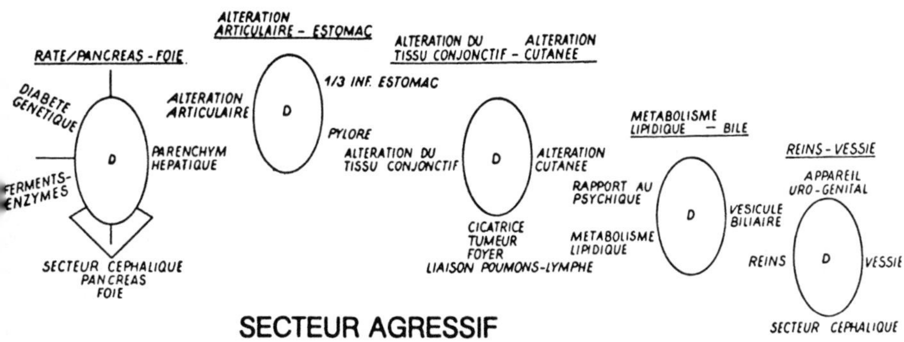

SECTEUR AGRESSIF

Comment devenir magnétiseur

Vous êtes peut-être magnétiseur sans le savoir – Testez votre magnétisme. – Comment bien vous préparer – Comment magnétiser : l'approche orientale, l'approche hypnotique, l'approche « magnétique », l'approche classique, l'approche empirique – Magnétiseurs et guérisseurs à mains nues.

I. *Vous êtes peut-être magnétiseur sans le savoir*

Eh oui, comme Monsieur Jourdain faisait de la prose sans le savoir, nous possédons tous « du magnétisme ». Mais beaucoup l'ignorent et même s'ils en ont conscience, ils ne savent pas comment se servir de cette « énergie » transmissible par les mains. Un exemple : je connais personnellement le dynamique et séduisant Président-Directeur général d'une florissante société d'édition de dictionnaires qui possède un puissant magnétisme : pour s'en convaincre, il suffit de lui laisser poser ses mains sur votre tête ou sur votre bras pour sentir immédiatement l'émission d'une très forte chaleur. Mais il exploite (gratuitement) ce magnétisme curatif uniquement vis-à-vis de son entourage pour soulager douleurs ou brûlures.

Cet exemple n'est pas unique. Vous qui lisez en ce moment même ces lignes, vous imaginez-vous que vous êtes peut-être un bon magnétiseur qui s'ignore ? Mais comment le savoir, direz-vous ?

En pratiquant quelques tests très simples, à la portée de tous. Avant de vous les proposer, il est utile de préciser deux notions fondamentales :

— d'abord, soyez informé des risques du métier. Vous ne pourrez exercer professionnellement la fonction de magnétiseur soignant des patients et les faisant payer comme tels, sans risquer d'être poursuivi pour exercice illégal de la médecine en vertu de l'article L 372 du Code de la Santé (voir, pour plus de détails, le chapitre « Magnétiseurs et radiesthésistes face à la loi »).

— ensuite, vous devez savoir que certaines maladies suivent des cycles, c'est-à-dire qu'elles affectent l'être humain à un moment propice. Ainsi, tous les guérisseurs reconnaissent qu'actuellement ils reçoivent beaucoup plus de malades qu'il y a quelques années : c'est une conséquence de l'accroissement du chômage, de la disparition quasi irréversible des confesseurs dans notre société industrielle (curés et médecins de famille ne remplissent plus ce rôle et ont été remplacés par voyants, médiums et astrologues !) et de la difficulté qu'ont les couples à vivre en bonne entente (il y a vraiment plus de divorces que de mariages en France).

D'ailleurs, la maladie qui fait le plus de ravage chez nos concitoyens n'est pas le cancer mais... le stress, cette maladie moderne que le Petit Robert définit comme « la réponse de l'organisme aux facteurs d'agressions physiologiques et psychologiques ainsi qu'aux émotions agréables ou désagréables qui nécessitent une adaptation » ! Il existe deux périodes auxquelles l'être humain est le plus sensible aux maladies, ce sont celles du passage de l'hiver au printemps (mars) et de l'été à l'automne (septembre).

Ainsi, on constate de façon troublante qu'à la fin de l'hiver, le nombre de dépressions nerveuses s'accroît fortement alors qu'à la fin de l'été, les zonas deviennent plus fréquents chez l'individu.

Voilà pourquoi de nombreux magnétiseurs proposent des traitements préventifs à leurs patients (phytothérapie, homéopathie...) pour leur permettre de bien traverser ces deux périodes clés. Mais, pendant que ces magnétiseurs se préoccupent sérieusement de leurs patients, d'autres pensent surtout à les impressionner psychologiquement. Comment ? Dans la plupart des cas, en réalisant une mise en scène de music-hall. Le spectacle commence dès la salle d'attente : portraits photographiques grand format du guérisseur s'étalant sur les murs, pages entières de magazines montrant ses guérisons-miracle, diplômes et certificats de complaisance habilement affichés. Puis, dès qu'on pénètre dans son cabinet, le spectacle continue : tenue vestimentaire de style « exotique » (pour mieux impressionner), décor utilisant signes du zodiaque, statuettes égyptiennes et planches anatomiques. Enfin, on entre dans le vif du sujet : longs diagnostics péremptoires, « passes » magnétiques rocambolesques, addition salée et rendez-vous repris pour la semaine suivante ! Fin du spectacle.

Au cours de mon enquête sur les magnétiseurs, j'en ai rencontré un certain nombre pratiquant ce type de scénario.

Fort heureusement, la majorité des magnétiseurs n'opère pas ainsi. Dialogue, simplicité, douceur, amour, compréhension sont les maîtres mots qui les caractérisent. Rien de secret, de mystérieux, d'occulte dans leur approche. Sorciers, s'abstenir. Et même si la plupart d'entre eux n'ont pas d'explication scientifique à fournir sur leurs capacités à guérir (leurs explications tournent souvent autour des mêmes concepts : don de Dieu, « pouvoir » héréditaire ou bien fluide normal que tout le monde possède), il faut admettre qu'il existe quand même des techniques de magnétisation. Les guérisseurs les emploient soit après les avoir apprises chez d'autres (l'École du Magnétisme des frères Durville a formé ainsi des milliers de magnétiseurs entre les deux guerres), soit après avoir tâtonné empiriquement en chercheurs solitaires. Résultat : toutes les techniques sont dans la nature, ce qui m'a valu de « subir » des séances allant de 2 minutes 30 secondes (un record mondial pour une séance destinée à soulager le client... plutôt du côté portefeuille que du côté santé d'ailleurs !) à une heure (dans ce cas, un dialogue s'installe entre patient et magnétiseur, la phase de magnétisation n'excédant pas 30 minutes).

Aussi, pour vous éviter d'être face à de telles situations contradictoires, je vous propose toute une batterie de tests, simples et amusants, qui vous permettront de vous familiariser avec le magnétisme et d'avoir une meilleure approche des magnétiseurs lorsque vous vous trouverez face à eux.

II. *Testez votre magnétisme*

Depuis longtemps, on a trouvé le moyen de savoir quels individus, dans une société, possèdent du magnétisme. En dehors des magnétiseurs « professionnels » (au nombre de un pour dix mille individus d'après le professeur Rocard), il est intéressant pour vous de pratiquer les tests qui suivent, afin de savoir si, oui ou non, vous avez ce fameux « fluide » qui vous permettra peut-être de soulager (gracieusement) des personnes de votre entourage.

Nous vous proposons sept tests, indépendants les uns des autres. Un bon conseil : lorsque vous pratiquerez ces tests, soyez détendu mais concentré ! Et puis reportez-vous en fin d'ouvrage, au chapitre 9 : « Le magnétisme et vous », afin de noter les résultats auxquels vous êtes arrivés et de me les transmettre par l'intermédiaire de l'éditeur.

Test n° 1 : magnétisez un morceau de viande

Considéré par les spécialistes comme le test de base de tout magnétiseur digne de ce nom. Le principe est simple : prenez une mince tranche de viande et placez vos deux mains à deux ou trois centimètres au-dessus, les doigts légèrement recourbés vers la viande. Cela pendant un bon quart d'heure (au cours duquel il est conseillé de vous concentrer mentalement et de penser fortement au résultat

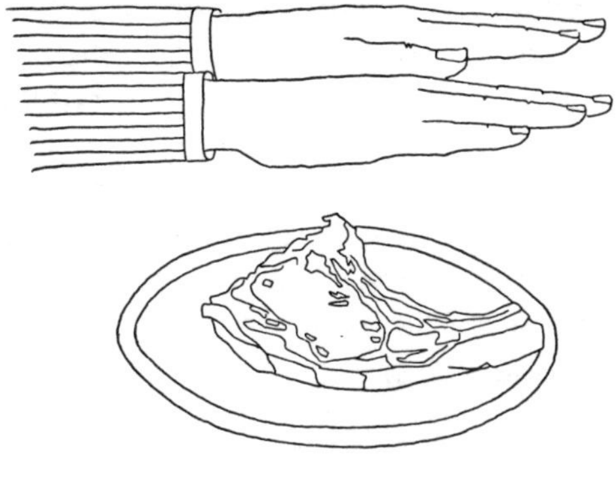

placer vos 2 mains
à 2 centimètres du morceau
de viande
— 15 minutes
— 2 fois par jour

final que vous recherchez : « je transmets mon énergie à ce morceau de viande pour pouvoir le momifier, le durcir... » ; cette action psychique renforçant l'action magnétique).

Idéalement (et pour des raisons pratiques), agissez ainsi le matin et le soir. Entre chaque séance, laissez la viande dans un endroit frais et propre, mais pas au réfrigérateur.

Si au bout de quelques jours, votre morceau de viande est devenu sec et dur, vous avez réussi à le momifier. Mais si vous constatez qu'il se produit une putréfaction, n'insistez pas. Par contre, si la momification survient très vite (au bout d'un jour ou deux), vous êtes un sujet possédant un magnétisme puissant.

Étape suivante : ouvrez un cabinet de magnétiseur, mais lisez auparavant le chapitre « magnétiseurs et radiesthésistes face à la loi » !

Remarque scientifique

Le professeur Rocard donne une interprétation du phénomène de momification. Pour lui, l'explication est la suivante : tout corps vivant contient de l'eau en grande quantité, et dans cette eau, il y a du carbonate de chaux (CO_3 Ca). Ce corps vivant soumis à la chaleur des mains (37°), ou à un champ magnétique, voit alors s'évaporer l'eau qu'il possède (le carbonate se transforme en bicarbonate), ce qui explique le durcissement (les parapsychologues utilisent le terme de momification, mais ceci n'a rien à voir avec ce que pratiquaient les Égyptiens sur les cadavres de leurs pharaons).

Test n° 2 : magnétisez une plante

Ce test est amusant à faire car il introduit la notion de comparaison. Et, de toute façon, s'il ne se passe rien de spectaculaire avec votre magnétisme, vous verrez au moins des plantes pousser chez vous ! Prenez un sachet de graines à pousse rapide et semez le même nombre de graines dans deux pots distincts, placés dans d'identiques conditions (éclairage, arrosage...). Chaque soir, à la même heure, magnétisez l'un des 2 pots, toujours le même, pendant une dizaine de minutes, vos 2 mains à un ou deux centimètres de la terre.

1er jour

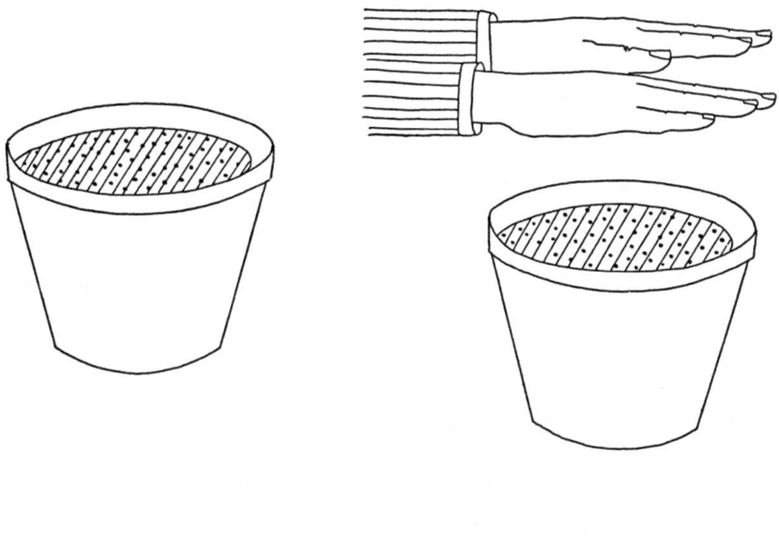

pot n° 1 : témoin

pot n° 2 : à magnétiser chaque soir pendant 10 minutes, à 2 cm de la terre

8e jour

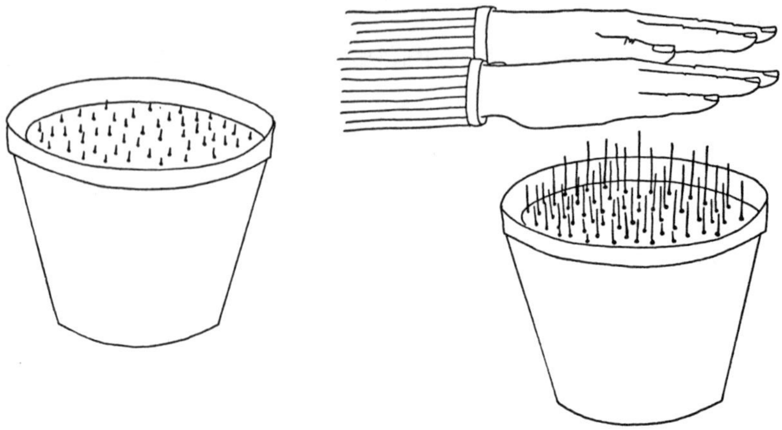

pot n° 1 : témoin *pot n° 2 : magnétisé*

Continuez pendant une bonne semaine : vous constaterez une croissance plus rapide des plantes sur lesquelles vous « transférez votre magnétisme ». Ensuite, si vous avez la patience de Pénélope, essayez sur de jeunes arbres !

Test n° 3 : magnétisez de l'eau

Les patients demandent souvent à un magnétiseur de leur magnétiser un bout de coton, une compresse, un mouchoir ou tout autre objet personnel. En plus d'un incontestable rôle d'autosuggestion, l'objet magnétisé (porté sur lui par le malade) permet, semble-t-il, de diffuser du magnétisme curatif. Il en est de même pour l'eau magnétisée qui présente l'avantage de pouvoir être bue quotidiennement pour se régénérer. Pour magnétiser vous-même votre eau minérale, versez le contenu d'une bouteille dans un saladier de verre puis placez vos doigts en pointe (les 5 doigts étant en contact l'un avec l'autre) au-dessus de l'eau et tournez lentement dans le sens des aiguilles d'une montre pendant une dizaine de minutes.

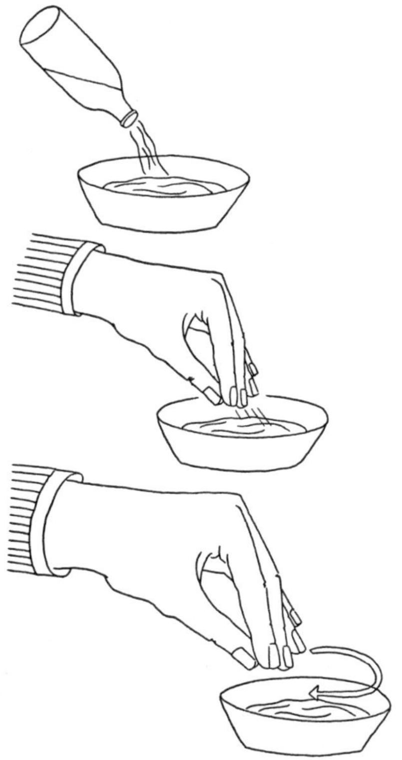

1. versez de l'eau minérale dans un saladier.

2. magnétisez les doigts en pointe.

3. tournez lentement dans le sens des aiguilles d'une montre, pendant 10 minutes.

Peut-être remarquerez-vous alors, comme certaines personnes, que le goût de l'eau magnétisée est sensiblement différent du goût de l'eau normale. A votre santé quand même !

Test n° 4 : faites réagir un pendule

Ce test est couramment utilisé par le professeur Yves Rocard pour détecter les sujets qui sont de bons sourciers.

Prenez un pendule dans votre main droite et maintenez-le immobile. Puis touchez votre tempe gauche avec l'autre main, les doigts parallèles à l'oreille. Si le pendule se met alors à tourner, vous détenez la preuve que vous possédez

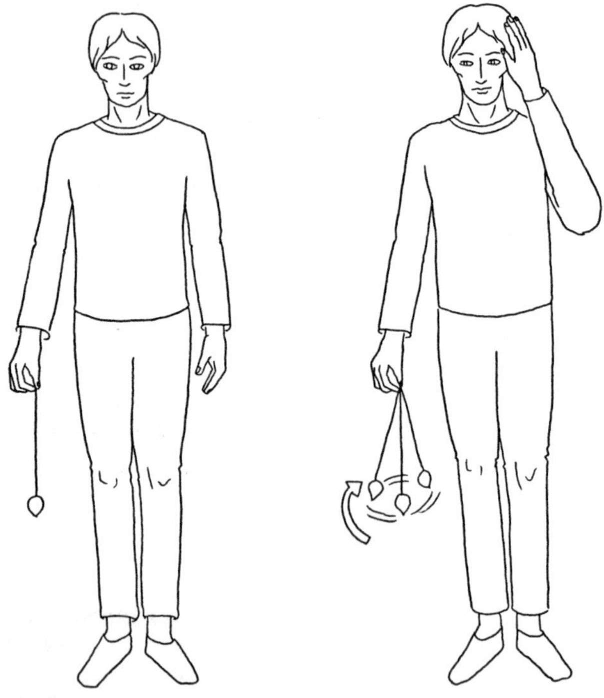

un fort magnétisme ! S'il ne se passe rien, touchez-vous la tempe avec un aimant ou un objet métallique (trousseau de clé, par exemple). Toujours pas de résultat ? Allez directement au chapitre traitant de la radiesthésie.

Test n° 5 : faites le geste des Égyptiens

Les Égyptiens appelaient ce geste : le geste du Kâ.

Il consiste à capter l'énergie universelle puis à diriger cette énergie vers le patient.

Pour le réaliser, c'est très simple : présentez votre main gauche vers le ciel (elle est censée capter l'énergie cosmique de l'univers) et appliquez votre main droite sur la nuque du patient (elle est censée transmettre cette énergie dans le corps du sujet).

A tester sur des personnes de votre entourage afin de les « recharger » en énergie vitale. Bien noter vos sensations et les réactions de votre sujet.

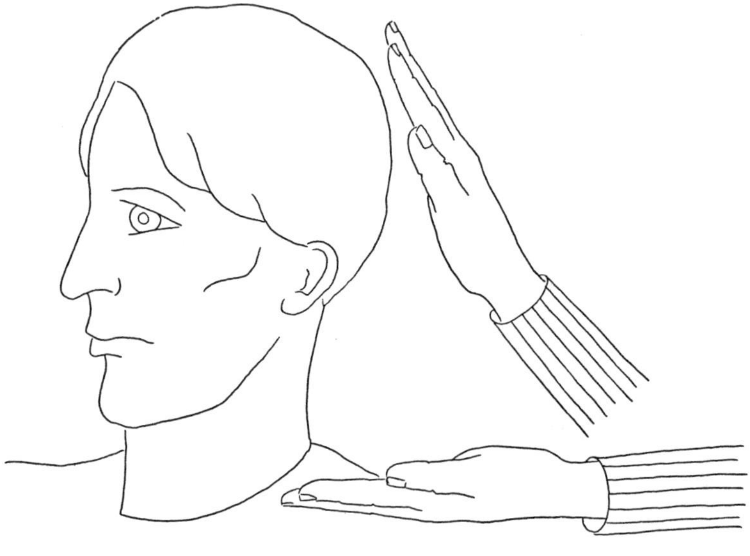

Test n° 6 : faites la chaîne

C'est une technique très peu utilisée. A Grenoble, Maguy et Daniel Lebrun la pratiquent, un mardi soir par mois, au cours d'une séance collective de magnétisme où l'imposition des mains se marie avec la prière. Plusieurs centaines de personnes, parmi lesquelles des médecins, se tiennent par la main en silence, formant ainsi une grande chaîne humaine à travers laquelle semble circuler « une énergie spirituelle » qui permet de réaliser des guérisons.

Cette chaîne peut évidemment se réaliser avec quelques personnes seulement. L'objectif est de fonctionner selon le principe d'accumulateurs successifs afin de fournir l'énergie maximale au magnétiseur (émetteur) qui la transmet ensuite au patient (récepteur).

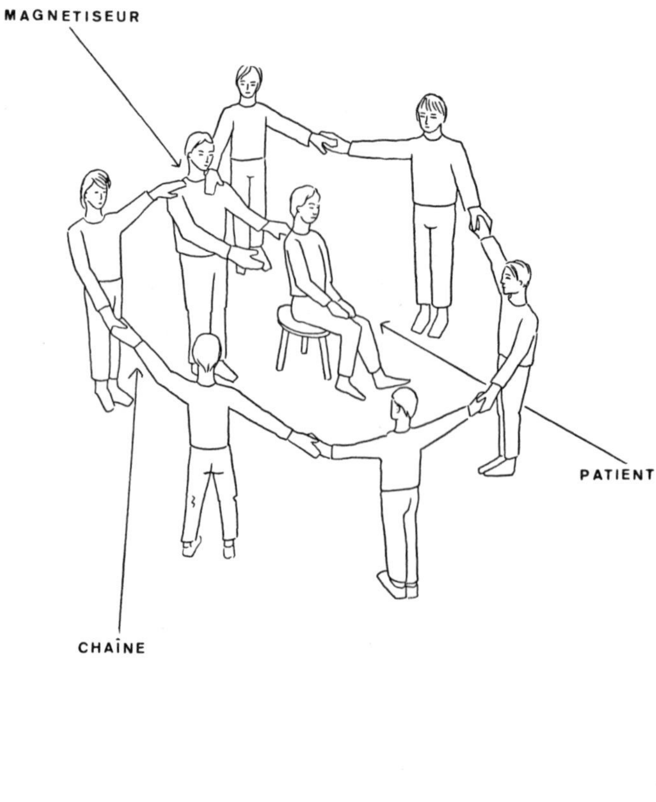

Amusez-vous à tester votre magnétisme, seul, sur une personne, puis votre magnétisme au bout d'une chaîne sur la même personne. Et comparez les réactions.

Test n° 7 : magnétisez à distance sur photo

Voici le test qui défraye la chronique tant ses partisans et ses opposants sont nombreux !

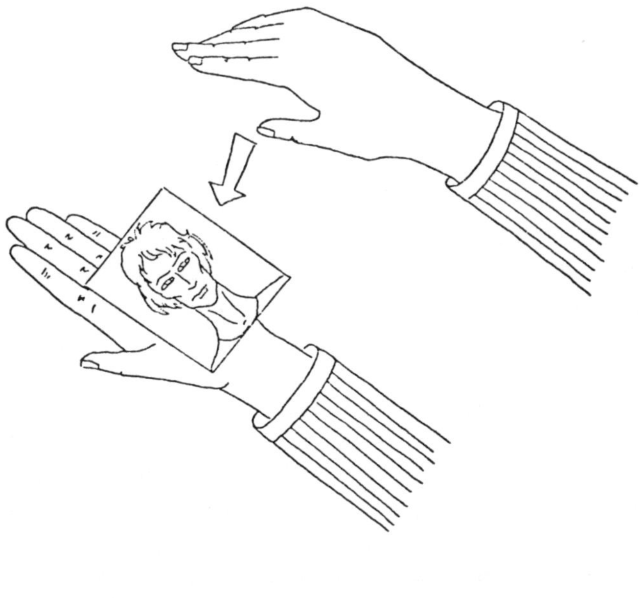

Personnellement, je suis assez sceptique quant à l'efficacité réelle de ce test car j'ai rencontré de nombreux charlatans qui l'utilisent dans un but purement mercantile (voir à ce sujet le chapitre : le magnétisme curatif à distance).

Ce test est pourtant très simple à effectuer. Il suffit de se procurer une photo de la personne qui souffre et qu'on cherche à soulager (même sans qu'elle soit au courant de cette pratique).

Prenez la photo dans votre main gauche puis posez votre main droite dessus. Concentrez-vous mentalement sur le résultat à obtenir. Répétez plusieurs fois par jour cette opération.

Les partisans de cette technique disent que la distance entre l'opérateur et le sujet n'a aucune importance. J'ai hâte de connaître les résultats de vos travaux !

III. *Comment bien vous préparer*

Les tests que nous vous avons proposés dans les pages précédentes vous ayant peut-être révélé une disposition favorable à l'égard du magnétisme, et dans le cas où vous souhaiteriez « agir » sur un proche dans le but (bénévole et humanitaire) de soulager ses douleurs ou de le relaxer, l'important pour vous consistera à avoir une forme, une santé irréprochables.

Pour les obtenir, de nombreux magnétiseurs ont déjà donné leurs conseils. Parmi eux, j'ai retenu Gilbert Créola qui écrit dans « Le magnétisme à la portée de tous » (Éditions Le Hameau) : « *Vous rappelant la comparaison entre le corps humain, qui est une sorte de « batterie magnétique » et une batterie électrique concrète, vous allez assurer la recharge de votre organisme en puissance capable de guérir les autres. Pour cela, vous devez vous efforcer de maintenir le contact sur le plan cosmique avec l'univers et son harmonie.*

Voici quelques moyens d'y parvenir :

— si vous marchez pieds nus sur le sol, de préférence un sol humide comme le bord de la mer, d'une rivière, vous

entrerez directement en communication physique avec la masse magnétique universelle plus facilement que dans la vie normale ;

— vous pouvez, chaque jour, tenir dans les mains pendant un moment un gros aimant eu U, un pôle dans chaque main ;

— vous devez faire des exercices méthodiques de magnétisation pour votre entraînement, comme le sportif fait ses exercices et le pianiste ses gammes ;

— chaque fois que vous en avez l'occasion, allez faire une bonne cure d'air en respirant profondément dans un lieu non pollué, de préférence dans une forêt ;

— faites fonctionner physiquement et simplement votre corps, soit en marchant, soit en vous livrant à des exercices physiques, soit en vous consacrant à un travail manuel, soit en pratiquant des sports et des jeux de plein air ;

— entraînez-vous à la pratique et au développement du regard magnétique ;

— nourrissez-vous sainement et selon de bonnes et simples règles diététiques ;

— dormez aussi longtemps que nécessaire, et assurez-vous un confort aussi parfait que possible pour vos nuits.

En résumé, ce qui vous est conseillé, à côté du developpement du regard magnétique et des exercices de magnétisme qui sont particuliers à votre projet, c'est une vie saine telle que vous aurez intérêt à la conseiller à vos clients, car on ne pense pas toujours à l'importance admirable que revêt le respect de certaines règles simples lorsqu'on le pratique tous les jours pendant longtemps. »

IV. ***Comment magnétiser***

Si vous avez testé votre magnétisme lors des exercices que nous vous avons proposés et si vos résultats sont encourageants, voici quelques précisions techniques qui vous permettront de « jouer au magnétiseur ». Mais auparavant, n'oubliez pas qu'il faut s'entraîner une ou plusieurs heures chaque jour, comme un sportif de compétition.

Nous allons étudier successivement cinq approches :

1. ***l'approche orientale,*** qui se caractérise par une action sur les shakras ;
2. ***l'approche hypnotique,*** qui procure ce que certains ont appelé le « sommeil hypnotique » ;
3. ***l'approche « magique »,*** qui est le magnétisme des initiés ;
4. ***l'approche classique,*** qui se situe dans la droite ligne de Mesmer et de Durville ;
5. ***l'approche empirique de magnétiseurs contemporains*** qui ont, chacun à leur niveau, une façon personnelle de magnétiser. En précisant, au passage, la différence qui les sépare des guérisseurs à mains nues.

1) L'approche orientale

Tout magnétiseur professionnel sait (il le constate plusieurs fois par jour sur ses patients) qu'en effectuant des passes magnétiques à quelques centimètres de certains endroits du corps, une somnolence ou le soulagement d'une douleur peuvent se produire.

Ces endroits sont des shakras (terme oriental qui correspond en Occident, aux plexus), c'est-à-dire de véritables réseaux énergétiques à forte densité de fibres nerveuses.

Selon la tradition orientale, le corps humain possède sept shakras, situés sur l'axe vertical crâne/sexe. (Il est intéressant de noter qu'en numérologie, le nombre sept symbolise l'énergie mentale et spirituelle.) * Chaque shakra

* Voir, à ce sujet, *ABC de la Numérologie,* de Jean-Daniel Fermier (Jacques Grancher, éditeur).

a une fonction et se traite, au niveau magnétique, d'une façon spécifique.

LES SEPT SHAKRAS

En partant de la tête et en se dirigeant vers les pieds (sens dans lequel il est recommandé de magnétiser), on trouve les shakras suivants :
1. ***le shakra crânien :*** situé exactement au sommet du crâne (en anatomie, cet endroit est la fontanelle pinéale) ;
2. ***le shakra frontal :*** entre les deux yeux (c'est le fameux « troisième œil » des lamas tibétains) ;
3. ***le shakra de la gorge :*** sur le devant des vertèbres cervicales, au niveau du pharynx et de la thyroïde ;

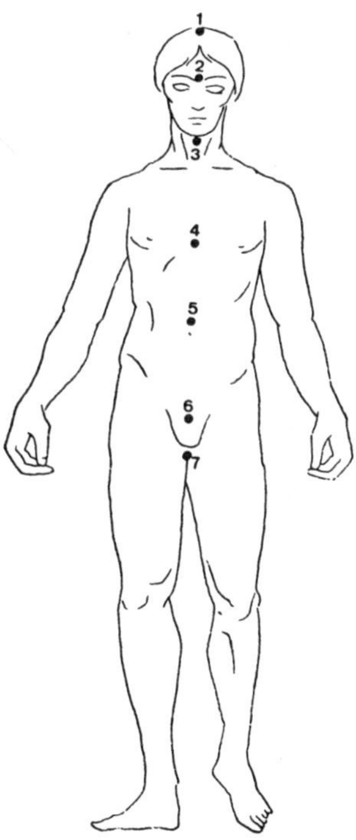

Emplacement des 7 shakras

1. shakra crânien
2. shakra frontal
3. shakra de la gorge
4. shakra du cœur
5. shakra ombilical
6. shakra du sexe
7. shakra racine

4. ***le shakra du cœur :*** au niveau du cœur ;
5. ***le shakra ombilical :*** juste au-dessus du nombril (en Occident, on l'appelle plexus solaire) ;
6. ***le shakra du sexe :*** à l'emplacement du sexe ;
7. ***le shakra racine :*** entre le sexe et l'anus

La fonction des shakras et comment les magnétiser

Ces sept « centrales énergétiques » du corps, connues par les Orientaux depuis des millénaires et niées par les rationalistes du monde occidental, seraient sensibles à une action du magnétisme humain. Chaque shakra remplit une fonction précise et se magnétise de façon spécifique :

1. ***le shakra crânien :*** il concerne l'activité spirituelle (selon la tradition hindouiste, l'âme de l'individu, à la mort, s'échappe par ce shakra).

Ce shakra se magnétise les deux mains à plat.

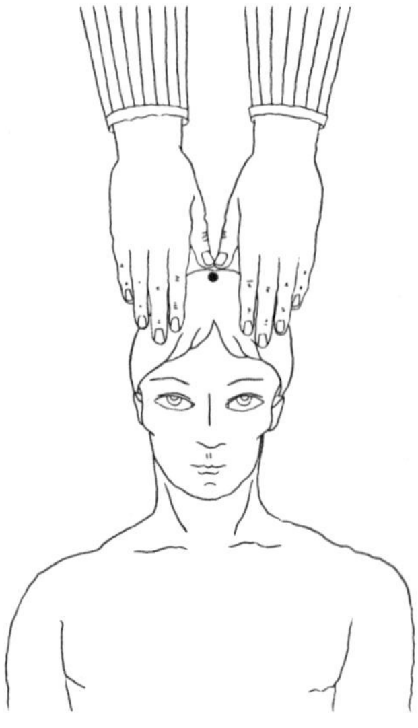

2. ***le shakra frontal :*** il est le siège des visions différentes (voyance, perception extra-sensorielle) et concerne le système nerveux réflexe. Se magnétise avec la main droite, doigts en pointe (pouce, index et majeur réunis).

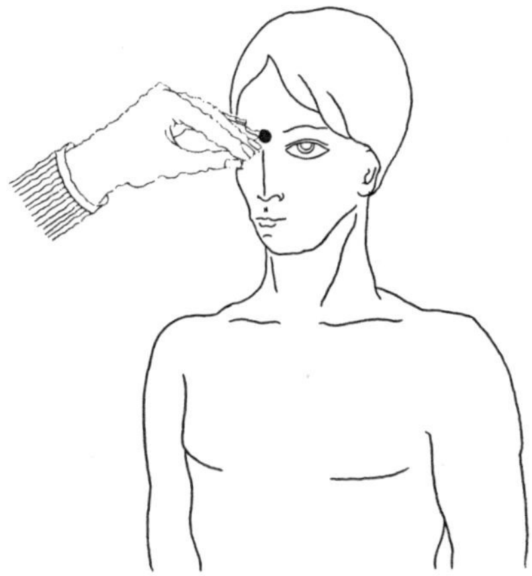

3. ***le shakra de la gorge :*** il concerne tout ce qui touche à la connaissance et se magnétise la main droite à plat.

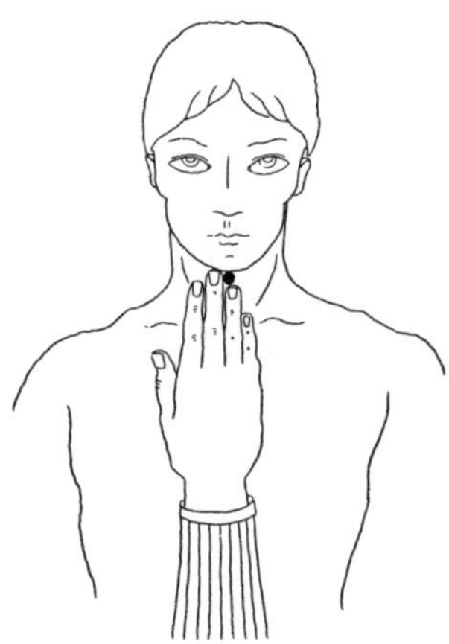

4. ***le shakra du cœur :*** agit sur le système vasculaire et se magnétise la main droite à plat.

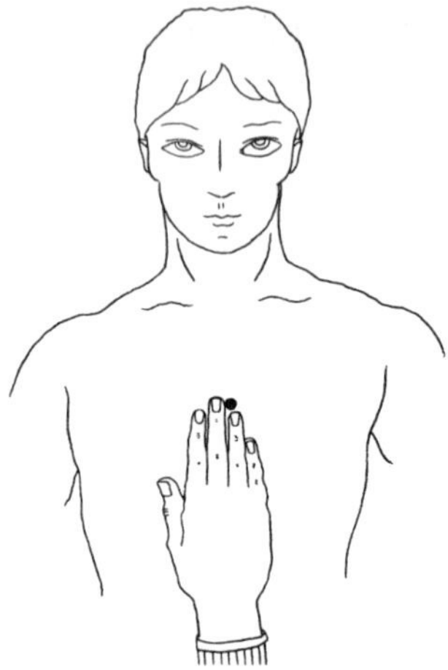

5. ***le shakra ombilical :*** siège de l'énergie vitale, il se magnétise la main droite à plat

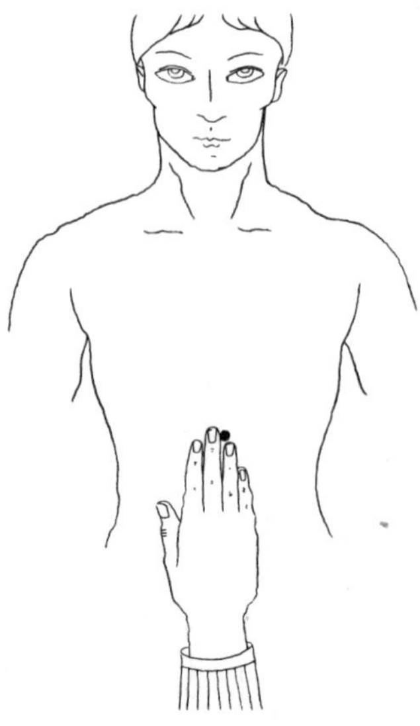

6. ***le shakra du sexe :*** concerne la reproduction et se magnétise la main gauche à plat.

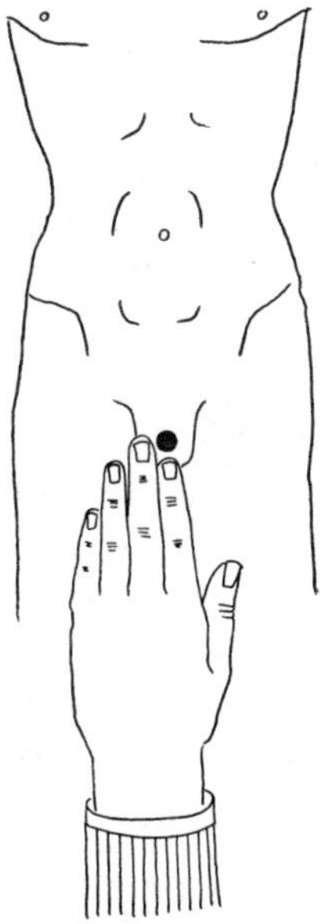

7. ***le shakra racine :*** exprime la résistance à la mort et se magnétise avec la main gauche, doigts en pointe.

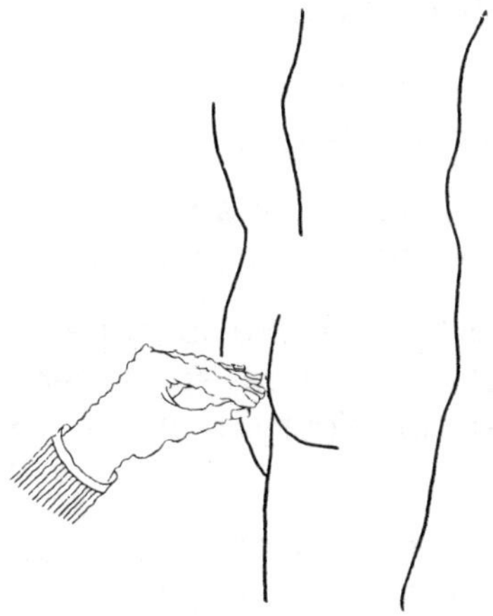

2) L'approche hypnotique

Nous avons vu que depuis Mesmer, magnétisme et hypnotisme ont souvent été confondus (la langue populaire a d'ailleurs gardé une trace de cette confusion puisque l'expression « il a du magnétisme » signifie de quelqu'un qu'il exerce une fascination sur autrui). C'est cette faculté de fascination que nous allons étudier maintenant. Car au point de vue thérapeutique, elle donne des résultats intéressants. Nous n'étudierons cependant ici la suggestion et ses outils qu'en tant que technique rattachée au concept de magnétisme. Pour en savoir plus sur l'hypnose, reportez-vous à l'ouvrage déjà cité (ABC de l'hypnose).

La suggestion hypnotique fonde son efficacité sur un principe fondamental : lorsque l'hypnotiseur parle, il organise son langage de telle façon que les structures qu'il y met soient le plus symétrique possible des structures mentales du sujet.

Ainsi, mots et phrases rencontreront moins de résistance et seront alors assimilés plus vite par le patient.

Pour y parvenir, l'hypnothérapeute a à sa disposition seize règles techniques. Sa suggestion doit être :

1. ***courte :*** le cerveau humain ne traitant que quelques données simultanées, faire des phrases de peu de mots.

2. ***concrète :*** éviter des abstractions et préférer des mots concrets : « Votre bras est lourd comme du plomb. »

3. ***affirmative :*** on évitera la négativité qui induit des réflexes de défense : « Je souhaiterais que vous ne ressentiez pas de lourdeur » mais : « Vous êtes détendu, relaxé. »

4. ***positive :*** la suggestion sera d'autant mieux acceptée qu'elle apportera un mieux profond à l'individu : « Pour éviter toute maladie, vous cesserez de fumer » donnera :

« Vos poumons se dégagent, votre respiration est pleine d'énergie, votre envie de fumer diminue. »

5. ***répétitive :*** dire à un sujet éveillé que son corps est lourd provoquerait un stress en cinq minutes, de l'agressivité en dix minutes, de la violence en vingt minutes. En état hypnoïdal, chaque répétition approfondit la précédente. On dira : « Lourd, de plus en plus lourd, votre corps s'alourdit en permanence. Chacune de mes paroles alourdit encore plus vos jambes, vos bras. Tellement lourd que... »

6. ***simple ou superposée :*** suggestion simple : « Votre bras s'alourdit. » Suggestion superposée : « Plus votre bras s'alourdit, plus vous glissez vers le sommeil. » Cette suggestion superposée subordonne la réalisation d'une suggestion à la réalisation d'une autre.

7. ***immédiate ou différée :*** immédiate : « Levez votre bras gauche. » Différée : « Au chiffre trois, vous lèverez votre bras gauche. »

8. ***intra ou post-hypnotique :*** intra : se passe pendant l'hypnose. Post-hypnotique : concerne l'après-hypnose.

La suggestion post-hypnotique (SPH) a parmi ses caractéristiques de :

— ne pas être exécutable chez certains sujets, si elle ne s'inscrit pas dans une logique qui la justifiera,

— comporter dans sa structure la définition du signal qui réinduira l'état hypnotique « lorsque je prononcerai ce chiffre... ».

La SPH semble faire basculer brutalement le sujet dans un état qui ressemble, pour lui, à un autre temps, à un autre lieu ou à un autre espace. Tout semble obéir à d'autres lois.

9. ***progressive :*** si vous dites à un sujet : « Votre corps est lourd », il vous faudra peut-être quinze minutes de répétitivité pour créer réellement cette sensation. Mais si vous suggérez progressivement : « Vos pieds sont lourds,

vos jambes sont lourdes, etc. », le temps peut être réduit à cinq minutes pour un résultat identique.

10. ***pondérée :*** vous devez anticiper les associations d'idées que vos suggestions ont provoquées chez votre sujet. Votre but : éviter tout ce qui ravive une situation de stress.

Vous ne direz pas : « Vous glissez dans le sommeil qui vous recouvre peu à peu » à un sujet ayant survécu à une noyade il y a quelques années.

11. ***quantifiée :*** la quantification signifie choisir votre vocabulaire en fonction du niveau culturel de la personne.

12. ***convergente :*** si vous dites en trente secondes : « Votre corps est lourd, vos yeux basculent en arrière, votre cœur se ralentit, votre respiration diminue », vous pouvez être sûr de vous être éparpillé. Sauf si vous avez précisément dit ces quatre phrases parce qu'elles représentent quatre conséquences physiologiques du sommeil. On dira qu'elles « convergent » vers le sommeil.

13. ***réalisable :*** votre suggestion peut être irréalisable, mais que ce soit volontaire, car vous provoquerez un tel conflit psychologique que :
— soit il ne se passera rien;
— soit le sujet fuira vers le réveil, mais sera stressé;
— soit le sujet fuira vers la perte de conscience.

14. ***verrouillante :*** lorsque vous dites à un sujet : « Votre menton est lourd », cette suggestion sera verrouillante parce que, sans un mot de plus, mais après de nombreuses répétitions identiques, vous pourrez espérer voir sa bouche s'entrouvrir. Anticipez donc les réactions physiologiques de vos suggestions.

15. ***normale ou subliminale :*** une suggestion normale est destinée à être entendue. Une suggestion subliminale ne doit pas l'être. La vingt-cinquième image invisible

injectée dans un film, les phrases dites à grande vitesse ou trop faiblement pour pouvoir être entendues, sont des voix subliminales. Lorsqu'on construira des suggestions subliminales, on gommera tous les mots de structures, ne gardant que les verbes et les noms.

16. ***plastique dans la relation inconsciente :*** la plus évoluée et la plus difficile des règles, car elle consiste à maîtriser le ton avec lequel vous parlez au sujet. Les quatre tons à votre disposition sont :

— le ton paternel (autorité, obéissance par la peur) : « Levez-vous immédiatement ! »

— le ton maternel (douceur, protection, obéissance par amour) : « J'aimerais que vous vous leviez pour me passer cette boîte : je suis très fatigué. »

— le ton collaborateur (logique, intelligence, obéissance par le raisonnement) : « Cette fumée est mauvaise pour vous. Il faudrait vous lever pour ouvrir cette fenêtre. »

— le ton non dirigiste (liberté, initiative suggérée, obéissance par liberté de décision) : « Imaginez que vous vous levez. Provoquez vous-même ce désir en vous. Quand vous le voudrez, réalisez-le. »

Ces seize règles de la suggestion sont utilisées de façon souvent empirique par ceux — les hypnothérapeutes — qui pratiquent la thérapeutique « hypnotique », maintenant clairement dissociée du magnétisme curatif sous l'appellation d'hypnose. Ceux-ci, encore peu nombreux en France, se sont d'abord servis de l'hypnose pour anesthésier la douleur des malades lors d'une opération ou d'un accouchement. Puis ils ont trouvé d'autres champs d'application, surtout en ce qui concerne les maladies psychosomatiques : insomnies, dépressions, impuissance, frigidité, dermatoses, ulcère à l'estomac, obésité. Ils obtiennent aussi d'excellents résultats sur des sujets totalement inféodés au tabac ou à l'alcool et vont même jusqu'à l'utiliser pour essayer de désintoxiquer des drogués trop « accrochés ».

3) L'approche « magique »

Il existe, depuis l'Antiquité, tout un courant de pensée qui associe magnétisme et magie pour en faire une véritable science ésotérique, réservée à des initiés. Ces initiés ont transmis, de génération en génération, la vérité acquise. Ainsi, pour eux, le fluide vital, par l'intermédiaire du psychisme, influe sur la matière, comme le passage de certains corps célestes (soleil, lune) influe sur la Terre.

Héritiers des premiers kabbalistes, les mages et prêtres ont perpétué, à travers les siècles, leurs découvertes en se servant de la méthode propre aux initiés de l'Antiquité — l'analogie — cette technique permettant de tenir secret le véritable sens de chaque indication. Ainsi, lorsque les prêtres ou les mages voulaient traiter des maladies, ils travaillaient sur des correspondances analogiques.

Exemple n° 1 : les correspondances entre zodiaque, organes et plantes

L'accord secret qui existerait, selon la tradition ésotérique, entre les signes du zodiaque et les plantes permettrait d'optimiser son état de forme en fonction de son signe astral. Comment est-ce possible ? Cette théorie repose sur le fait que chaque signe astral domine une partie du corps. Ainsi, en parcourant dans l'ordre tout le zodiaque, on passe en revue la totalité de l'être humain de la tête (Bélier) aux pieds (Poissons).

Si une planète maléfique (Saturne ou Pluton par exemple), croise votre signe, la partie du corps concernée (voir dessin) sera alors plus sensible à la maladie ou à la douleur que les autres.

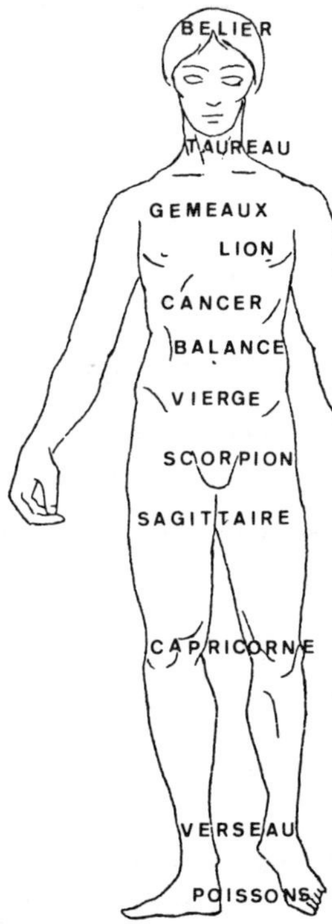

Points faibles du corps humain
en fonction des signes du zodiaque.

Ainsi, par exemple, les natifs du Taureau (20 avril-20 mai) auront un point faible qui sera plutôt le cou. Ce diagnostic (!) étant établi, il convient à ce moment-là de savoir quelle plante va permettre de soulager les douleurs éventuelles pouvant survenir à cet endroit. Dans notre exemple, il s'agit de la mauve.

Le tableau ci-après donne les correspondances entre les points faibles physiques de chaque signe astrologique et les plantes les plus favorables aux soins.

Signe du zodiaque	*Points faibles du signe*	*Plante favorable*
BÉLIER	tête	ROMARIN
TAUREAU	cou	MAUVE
GÉMEAUX	poitrine et bras	THYM
CANCER	seins et estomac	MÉLISSE
LION	cœur et dos	AUBÉPINE
VIERGE	intestins	LAVANDE
BALANCE	reins	BASILIC
SCORPION	organes génitaux	AIL
SAGITTAIRE	hanches et cuisses	SAUGE
CAPRICORNE	genoux et peau	PRÊLE
VERSEAU	chevilles et sang	MARJOLAINE
POISSONS	pieds et système général	ALGUES

Pour chaque signe du zodiaque, la plante citée doit être utilisée au cours d'une véritable cure naturelle. Pour cela, il suffit de l'acheter chez un herboriste, sous forme d'essence ou de teinture. Ensuite, il faut en boire quelques gouttes diluées dans un verre d'eau ou, mieux, il faut prendre un bain dans lequel sera versée une demi-cuillerée à café d'essence (la peau possède en effet l'étonnante propriété d'absorber tous les principes actifs des plantes).

Exemple n° 2 : les correspondances entre planètes, polarité, métaux, organes et maladies

Selon le même principe ésotérique de l'analogie, voici un tableau datant du 16e siècle (ce qui explique l'absence de Neptune, Uranus et Pluton, découvertes plus tard) établissant les correspondances entre l'influence des planètes et les maladies humaines.

Sa lecture s'effectue ainsi = toute planète a sa propre polarité, elle-même liée à un métal et correspond à un ou plusieurs organes du corps humain. Toute variation dans la puissance de cette polarité entraîne un certain type de maladie. Il faut signaler que le principe de correspondance ne repose sur aucun fondement scientifique (voir tableau pages suivantes).

A partir des tables de correspondances analogiques, furent créés des pentacles, c'est-à-dire des dessins à forte valeur symbolique, toujours formés à partir d'une étoile à cinq branches (en grec « penta » signifie « cinq »).

Le pentacle le plus connu est celui d'Agrippa, directement issu du dernier tableau de correspondance qu'on vient d'étudier. Il est construit à partir de deux cercles,

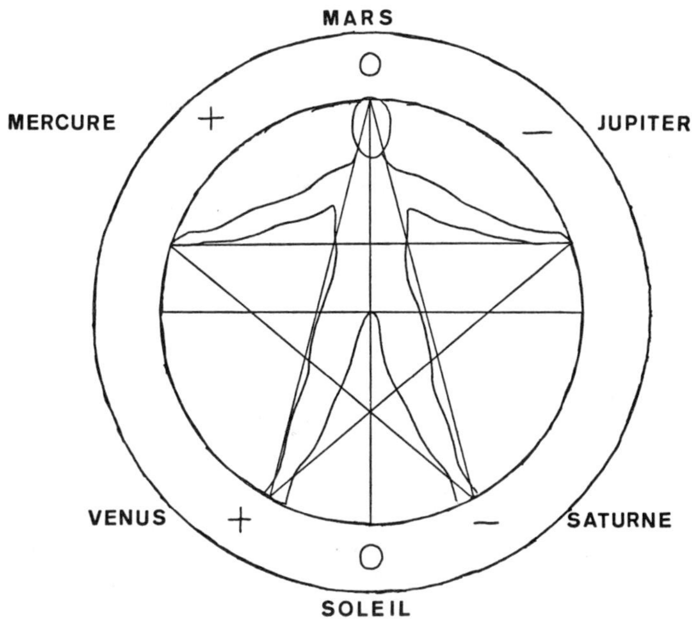

Pentacle d'Aggripa

d'une croix, d'une étoile à 5 branches (délimitant le corps humain) sur lesquels sont placés le soleil et les planètes *

Selon la théorie occultiste toute maladie est le résultat d'une rupture de l'équilibre fluidique. Le guérisseur agit alors en fonction de la variation de puissance des pôles :

— diminution du pôle positif : signifie risque de tuberculose, otite, hystérie, paralysie...

* Vous pouvez vous procurer ces pentacles en écrivant à la Société l'Oracle, 13, av. Gabriel-Péri, Rueil-Malmaison.

PLANÈTE	POLARITÉ	MÉTAL
MERCURE	+	plomb
VÉNUS	+	fer
SOLEIL	0	or
MARS	0	cuivre
JUPITER	–	argent
SATURNE	–	platine
LUNE	–	étain

— diminution du pôle négatif : entraîne phtisie, goutte, apoplexie, impuissance...

L'approche « magique » a influencé de nombreux chercheurs qui, aux 19ᵉ et 20ᵉ siècles, ont travaillé sur la polarité du corps humain et se sont appuyés sur cette notion pour expliquer le magnétisme humain et ses résultats. (Voir, à ce sujet, le chapitre « Le magnétisme qui guérit. »)

ORGANES	MALADIES
poumon, main et bras droits, bouche, langue, dents	Phtisie, ulcères des jambes
sein droit, foie, partie droite du ventre	goutte, avortement
cœur, moelle épinière, circulation du sang	apoplexie, maladies du cœur et de la moelle
parties génitales, varices	maladies vénériennes, impuissance, stérilité
système osseux, organes gauches du corps	tuberculose, otite
nerfs	hystérie, cancer, névroses
cerveau, estomac, poumon, main et bras gauches	paralysies, fistules

4) **L'approche classique**

Sous ce titre, seront regroupées toutes les techniques utilisées par les magnétiseurs occidentaux depuis de nombreuses décennies.

Ceux-ci ont à leur disposition plusieurs moyens pour « transférer » leur fluide vers les patients. Pour cela, trois parties de leur corps sont sollicitées : la bouche, le regard et les mains :

1. *LA BOUCHE :* pour pratiquer ce qu'on appelle le « souffle magnétique ». Il existe deux types de souffle :

— *le souffle chaud,* identique à celui qui permet d'embuer un miroir (bouche ronde, ouverte, souffle fort). Il a une action de soulagement.

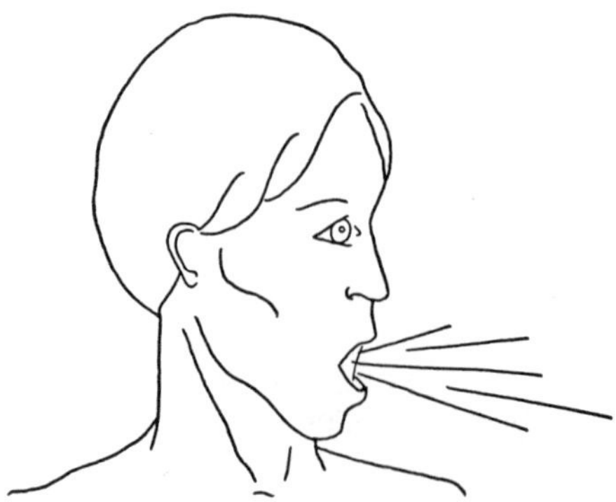

— *le souffle froid,* identique à celui qui sert à refroidir un plat trop chaud (bouche pincée presque fermée, filet d'air). Il a une action d'excitation.

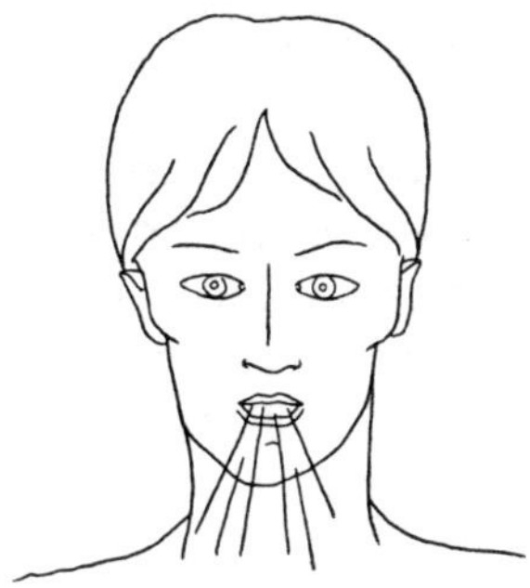

Il faut reconnaître que peu de magnétiseurs se servent du souffle pour agir sur leurs patients.

2. LE REGARD : c'est l'utilisation des yeux (mais aussi de mots à fort pouvoir évocateur) qui se rapporte à l'hypnose et dont nous avons déjà parlé.

3. LES MAINS : employées par 100 % des magnétiseurs, (dans les années 60, un magnétiseur français opérait sur ses patients... avec ses pieds ! En dehors de soucis d'hygiène, on peut estimer que cet exercice demandait le talent d'un contorsionniste), les mains servent à trois techniques : l'application, l'imposition et la passe.

Chacune a ses règles d'utilisation. Voyons-les en détail.

a) *L'APPLICATION*

Elle a lieu lorsque la main du magnétiseur entre en contact direct avec le corps du patient. C'est un geste que nous avons d'ailleurs tous par réflexe car dès la perception d'une douleur dans notre corps, nous y portons immédiatement la main. La technique d'application sert à calmer. Exemple : en cas de migraine, on applique les deux mains sur le

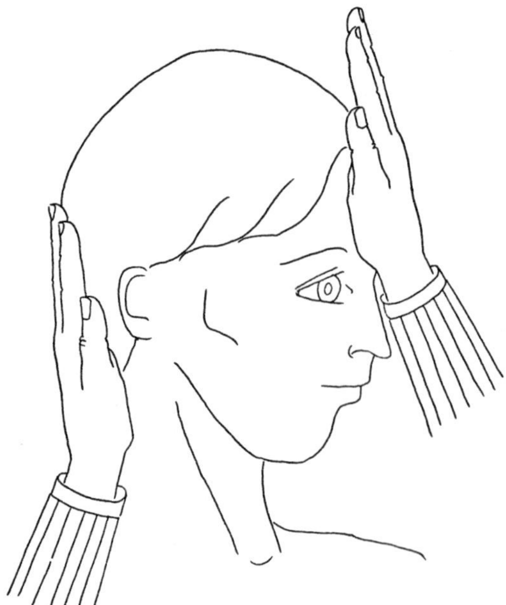

crâne de celui qui souffre, la droite sur le front, la gauche sur la nuque, en prenant soin de pointer les doigts vers le ciel.

b) L'IMPOSITION

C'est l'action consistant pour le magnétiseur à placer sa main à quelques centimètres du corps du patient (ce terme d'imposition de la main est en réalité incorrect car on ne pose pas la main sur le corps : ce serait alors une application). La technique d'imposition est la plus couramment utilisée par les magnétiseurs français.

L'imposition est de deux sortes :

1. *L'imposition palmaire :* la main se présente ouverte, face au corps.

C'est ce type d'imposition qui est utilisé lors du test du morceau de viande. Son effet sur le corps est calmant et agit en surface.

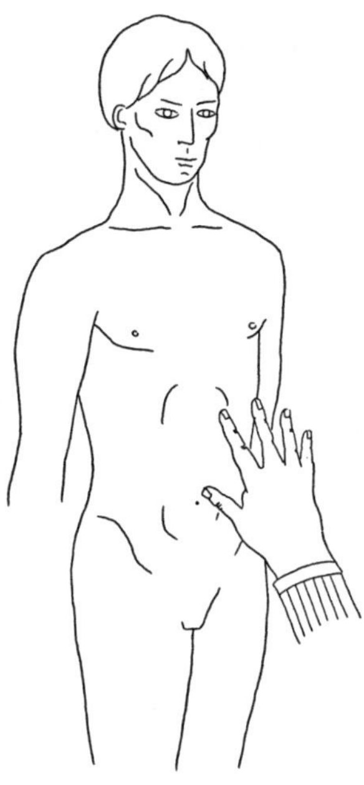

2. *L'imposition digitale :* les doigts sont regroupés et pointés vers le patient (on l'appelle aussi imposition doigts en pointe ou doigts en faisceaux).

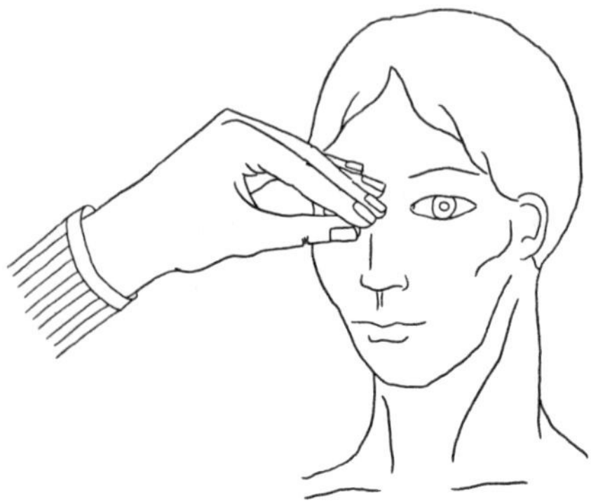

C'est ce type d'imposition qui est utilisé pour magnétiser de l'eau ou pour agir sur le shakra frontral (3e œil). Son effet sur le corps est excitant et agit en profondeur. Une variante de la technique d'imposition digitale consiste à décrire un cercle dans le sens des aiguilles d'une montre : c'est l'*imposition digitale circulaire* dont nous verrons des exemples dans le chapitre suivant.

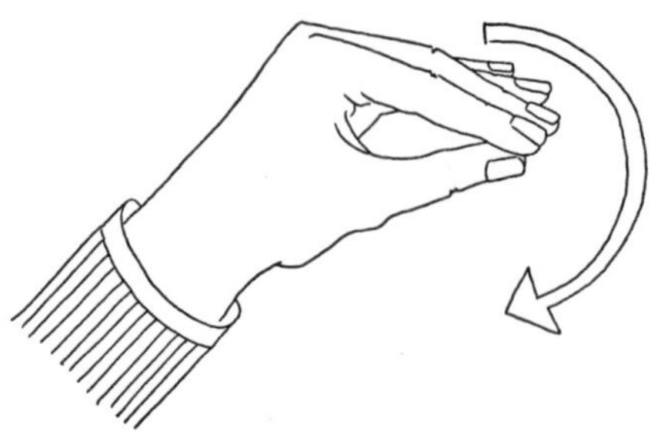

Enfin, si *l'imposition circulaire* s'accompagne de larges mouvements de bras, on parle d'*imposition digitale perforante.*

c) LA PASSE

A côté de l'application et de l'imposition, existe la technique des passes magnétiques. Ce terme, apparu dans la langue française en 1835, recouvre le mouvement de mains du magnétiseur sur son patient.

Alors qu'application et imposition sont des « figures » statiques, destinées à travailler localement et durablement, les passes sont pratiquées sur l'ensemble du corps du sujet, à quelques centimètres de celui-ci et en allant soit de la tête aux pieds (passes longitudinales) soit d'un endroit à l'autre du corps (passes transversales).

Comment procéder pour la passe longitudinale

1. porter les mains fermées au sommet du crâne du sujet.

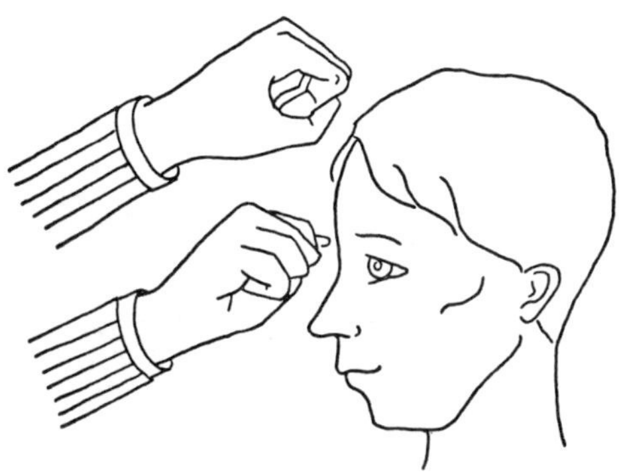

2. ouvrir les mains en maintenant les doigts perpendiculaires au sujet.

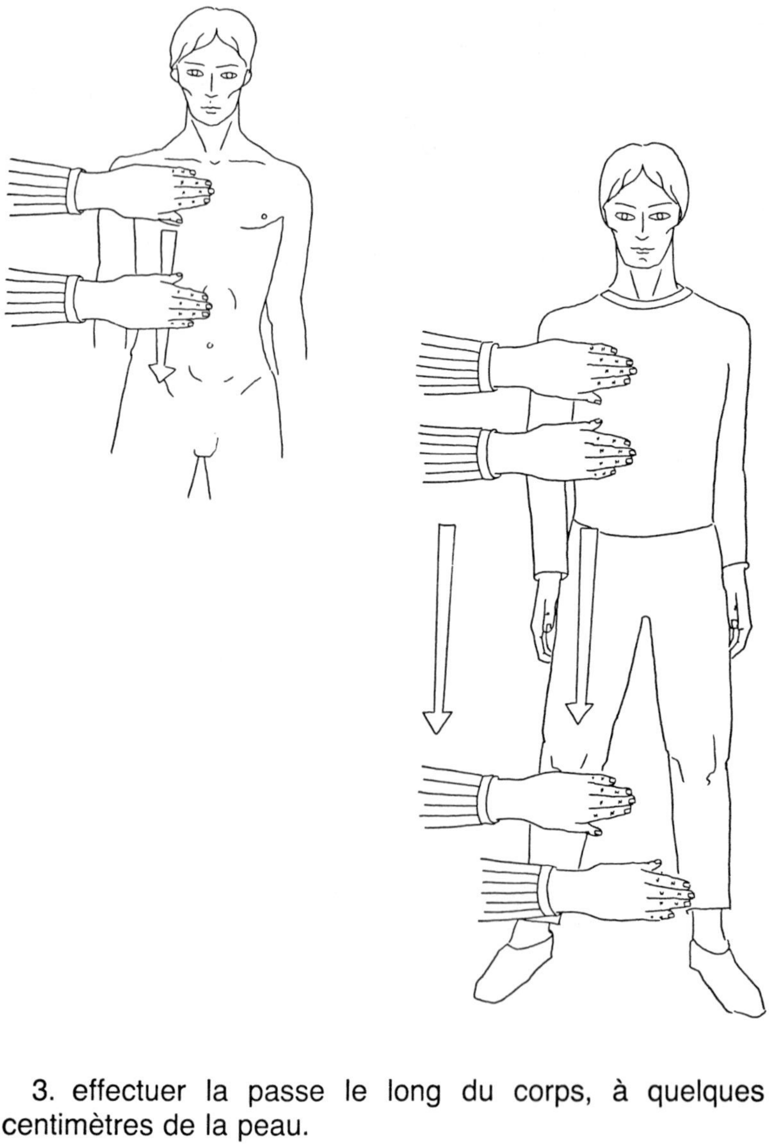

3. effectuer la passe le long du corps, à quelques centimètres de la peau.

Il existe deux types de passes qui se différencient par la vitesse avec laquelle elles sont réalisées sur l'individu :

— *les passes lentes :* elles doivent durer une bonne trentaine de secondes pour charger énergétiquement le corps du patient ;

— *les passes rapides* (dites « à grands courants ») : elles font le même trajet en quelques secondes (3 ou 4) afin de dégager et d'équilibrer le corps.

Alors, quelle technique faut-il utiliser pour magnétiser = applications, impositions ou passes ? Cela dépend de chaque magnétiseur.

5) **L'approche empirique**

Nous venons d'étudier quatre approches (orientale, hypnotique, magique, classique) du magnétisme, intéressantes surtout sur le plan théorique. Sur le plan pratique, on se rend compte que chaque magnétiseur a sa propre technique, issue soit d'une formation précise (un certain nombre — les plus anciens — ont fréquenté la fameuse École de magnétisme des frères Durville), soit d'une recherche personnelle fondée sur l'empirisme (« j'ai obtenu tel bon résultat sur cette affection en faisant ce type de geste, je vais donc pratiquer ainsi la prochaine fois »).

La diversité des techniques employées est impressionnante ! Certains placent toujours leur patient tête au Nord puis promènent leurs mains à cinq centimètres du corps, ou utilisent le souffle, ou pratiquent des passes classiques mais toujours par multiple de sept, ou bien magnétisent mains à plat ou doigts en pointe, ou bien encore laissent leurs mains se déplacer toutes seules, sans les guider, sur le corps du patient.

D'autres travaillent à l'aide d'une seule main ou agissent sur les trois « couches de rayonnement » — corps physique (mains à quelques centimètres), corps émotionnel (à un mètre), corps mental (deux à trois mètres) ou bien parcourent, avec leurs mains, la colonne vertébrale du patient, ou agissent d'abord sur le crâne puis déplacent leurs mains sur la partie malade, ou encore imposent leurs mains au-dessus de la tête ou à la hauteur des oreilles du patient. On en trouve qui placent une main sur la nuque, l'autre sur le front puis ensuite les deux sur les omoplates pour finir par une imposition sur les reins.

On en trouve aussi qui ressentent les douleurs de leurs patients dans leur propre corps, au même endroit, et d'autres qui soignent en imposant leurs mains, de façon instinctive, sur les points d'acupuncture. Finalement, et c'est le plus important, quelle que soit la technique utilisée, on constate que le magnétisme réussit à guérir des sujets malades. Mais quels sont donc les phénomènes qui entrent en jeu dans ce processus encore mal expliqué ?

C'est ce que nous verrons dans le prochain chapitre, « le magnétisme qui guérit ».

Auparavant, il convient de préciser l'exacte différence entre les magnétiseurs et ceux qu'on nomme « les guérisseurs à mains nues ».

V. *Magnétiseurs et guérisseurs à mains nues*

Quand on parle de mains qui guérissent, il faut comprendre qu'il s'agit de tous les thérapeutes qui utilisent leurs mains — et uniquement elles — pour soulager les douleurs d'autrui. Sont donc exclus ceux qui soignent au moyen de produits ou à l'aide d'appareils.

Les guérisseurs « à mains nues » sont surtout les rebouteux et les « fameux guérisseurs philippins ». Le grand public a souvent tendance à les confondre avec les magnétiseurs. Il est donc utile de préciser en quoi magnétiseurs et guérisseurs à mains nues sont différents.

Les rebouteux : une espèce en voie de disparition

La notion de rebouteux est très ancienne et le terme lui-même est souvent préféré à celui de rebouteur. Forgé en plein Moyen Âge à partir du verbe « bouter » qui signifiait frapper, pousser, refouler (d'où l'expression : « bouter l'ennemi hors de France »), le mot rebouteux définit celui qui remet les membres démis et réduit, par des moyens empiriques, les luxations, entorses, fractures. Selon les régions, ce guérisseur était qualifié de rhabilleur, de renoueur, de toucheur.

Honoré de Balzac, dans « L'enfant maudit » l'a très bien décrit : « *Cet homme était l'espèce de sorcier que les paysans nomment encore, dans plusieurs endroits de France, un rebouteur. Ce nom appartient à quelques génies bruts qui, sans étude apparente, mais par des connaissances héréditaires et souvent par l'effet d'une longue pratique dont les observations s'accumulaient dans une famille, reboutaient, c'est-à-dire remettaient les jambes et les bras cassés, guérissaient bêtes et gens de certaines maladies, et possédaient des secrets prétendus merveilleux pour le traitement des cas graves.* »

Cette définition précise du rebouteux par Balzac est encore vraie aujourd'hui. Le rebouteux « opère » êtres humains et animaux selon une technique simple qui fait appel à de bonnes connaissances anatomiques, en particulier sur les os, les muscles, les tendons, les nerfs (beaucoup de patients disent : « Je vais me faire remettre un nerf en place »). Cette technique repose sur le fameux « coup du rebouteux » : après avoir pris soin de détourner l'attention du patient, le rebouteux assure sa prise — tel un catcheur (les rebouteux en ont d'ailleurs souvent le physique) — et remet violemment en place la partie déplacée. Une douleur fulgurante accompagne cette manipulation suivie d'un soulagement libérateur : le patient peut alors repartir chez lui, il a été rebouté. D'après notre enquête auprès de malades reboutés, il apparaît que la souffrance est exactement proportionnelle à l'ancienneté du mal : un déplacement datant d'une heure se remet quasiment sans douleur ; un déplacement « ancré » depuis un ou deux ans s'effacera au prix d'une grande souffrance et parfois même d'un évanouissement.

Les rebouteux ont toujours eu beaucoup de succès, surtout dans le monde rural (médecins et vétérinaires étant souvent trop éloignés des fermes) mais l'histoire n'en a retenu aucun de célèbre. Anonymes, serviables, disponibles, ils ont ainsi pendant des siècles été pratiquement les seuls guérisseurs à mains nues.

Puis les magnétiseurs, dans le sillage de Mesmer, du Marquis de Puységur, de Durville, leur ont fait concurrence. Enfin, à l'aube du 20e siècle, ostéopathes et chiropracteurs ont apporté de nouvelles techniques, codifiées et efficaces. Voilà pourquoi le nombre de rebouteux baisse irrémédiablement : ces derniers risquent donc, avant l'an 2000, de disparaître de la grande famille des guérisseurs, comme les dinosaures, derniers représentants d'un monde à jamais révolu.

Les guérisseurs philippins : illusion ou réalité ?

Au cours des années 70, des charters entiers partaient d'Allemagne, d'Angleterre, d'Italie, des États-Unis, avec leur cargaison de malades déclarés incurables par la médecine occidentale : direction, les Philippines. Plus précisément, au nord-ouest de l'île Luçon, à Baguio. Là officiaient les fameux guérisseurs philippins. Des rumeurs étaient en effet parvenues en Occident, affirmant que des chirurgiens opéraient à mains nues, c'est-à-dire sans bistouri, sans anesthésie et surtout sans laisser de cicatrices.

Une dizaine d'années auparavant, au Brésil, un guérisseur avait déjà défrayé la chronique médicale. José Pedro de Freitas, surnommé Zé Arigo (ce qui signifie à peu près « le paysan ignorant » en brésilien), exerçait son activité dans l'État du Minas Gerais, à Congonhas do Campo très exactement. Il utilisait comme seuls instruments un vieux couteau rouillé... et la prière !

Très vite, la renommée d'Arigo dépassa le cadre de cette petite ville de 10 000 habitants. Elle atteignit même la dimension internationale le jour où le guérisseur soigna et guérit d'une leucémie avancée la fille du futur Président de la République Brésilienne, le Dr Kubitschek. Zé Arigo soignait jusqu'à mille personnes par jour dans ses locaux précaires et non désinfectés. Le gouvernement brésilien décida alors de l'aider à travailler dans de meilleures conditions en construisant un hôpital pour lui.

Mais Arigo ne l'inaugura pas puisqu'il mourut dans un accident de voiture en janvier 1971, quelques mois avant la fin de la construction. Quand Arigo disparut, l'attention fut alors portée sur les guérisseurs philippins. Comment était-il possible de guérir des gens suivant une méthode que personne ne connaissait auparavant ?

Cette méthode est toujours la même : le guérisseur fait étendre son patient sur une table, psamoldie une prière (la majorité des guérisseurs sont croyants et réunis dans une association : l'Union Espiritista Cristiana Filipinas), puis semble plonger ses mains en profondeur dans l'abdomen, presse la peau avec force, fait surgir un liquide rougeâtre ressemblant à du sang et finit par sortir une matière d'allure organique (tissus ? tumeurs ?). Après « l'opération », n'apparaît aucune cicatrice alors que tout laisse croire que la peau a été ouverte, que du sang s'est échappé de cette ouverture et qu'une substance maligne a été extraite du corps du malade.

La star des guérisseurs philippins fut Tony Agpaoa. Décédé en 1984, il a surpris beaucoup de chercheurs quand en 1979 il entra en clinique, victime d'une appendicite aiguë, pour se faire opérer par un chirurgien classique et non par un de ses confrères travaillant à mains nues ! La polémique au sujet de ces guérisseurs n'est toujours pas close entre partisans et détracteurs. Les premiers affirment qu'il s'agit de chirurgie-psi, c'est-à-dire paranormale que seuls quelques « initiés » peuvent réaliser. Les derniers estiment que nous avons affaire à d'habiles illusionnistes, trompant tous ces malades qui payent très cher pour tenter l'opération de la dernière chance.

Le magnétisme qui guérit

Que sait-on du magnétisme curatif ? – Magnétisme curatif et maladies – Le magnétisme curatif à distance = c'est facile, c'est rapide et ça peut rapporter gros – Les aimants qui soignent – Quel est l'avis de la médecine officielle ? – Quand un scientifique teste le magnétisme curatif. – Exemples de guérisons obtenues par des magnétiseurs français.

I. *Que sait-on du magnétisme curatif ?*

Il est déjà très difficile de prouver que « l'énergie » peut être transmise par les mains d'un individu vers un autre individu. Nous l'avons remarqué tout au long des chapitres précédents. Mais le problème devient complexe lorsqu'il s'agit de savoir si le « magnétisme » émis par une personne peut soulager une douleur ou — mieux — soigner une maladie. Ce magnétisme qui guérit, on l'appelle « magnétisme curatif ». Personne, jusqu'à présent, n'a pu analyser pourquoi le fait, pour un magnétiseur, de poser ses mains sur une partie du corps d'un patient va supprimer une migraine, un zona ou un eczéma.

Quand on a cherché à mesurer ce phénomène, il faut bien admettre qu'on a trouvé des éléments difficiles à interpréter. Serge Alalouf s'était offert, de bonne grâce, à toutes sortes d'expérimentations sur lui-même afin de savoir s'il « possédait du fluide ». Voici ce qu'il a lui-même écrit à ce sujet :

« *Je dus un jour me rendre à Genève pour y rencontrer le savant autrichien Muller qui désirait expérimenter sur moi un appareil qu'il avait mis au point. C'est à l'hôtel des Bergues qu'eut lieu l'expérience. Grâce à cet appareil, le professeur Muller put constater qu'une lampe d'un millième de volt s'éclairait automatiquement lorsqu'on la plaçait entre mes mains. Cela prouvait tout de même que j'avais un fluide bien particulier, mais cela ne signifiait pas que ce fluide pouvait combattre la maladie. Il est vrai que j'avais assez prouvé l'efficacité de mon fluide dans ce domaine.*

Un autre savant, le professeur Derobert, m'avait examiné à la demande d'un magistrat. Dans le rapport qu'il adressa à celui-ci en 1957, le professeur Derobert écrivait : « " *Le nommé Alalouf doit être considéré comme une source d'un élément étranger, dont la pénétration sur des sujets malades améliorerait l'état fonctionnel ou organique comme les rayons X sortant d'une lampe triode et pénétrant dans la région irradiée.*

Alalouf utilise un agent, peut-être physique, certainement mystérieux, qu'il tente de faire pénétrer dans l'organisme. " »

Peu avant la Seconde Guerre mondiale, en 1935, Paul-Clément Jagot (1889-1962), qui consacra sa vie entière à la diffusion des connaissances relatives au magnétisme et à l'hypnotisme, publia un livre intitulé « Comment guérir par le magnétisme » (Éditions Dangles), livre dans lequel il définit sa vision personnelle du magnétisme curatif :

« *Secourir un organisme en état de misère physiologique, favoriser ses réactions de défenses en le saturant de cette forme vitale de l'énergie qu'est la radioactivité humaine, telle est la directive fondamentale du magnétisme curatif. Modérer, calmer les manifestations pathologiques qui se traduisent par une suractivité locale ou générale, excessive, stimuler les manifestations d'atonie, régulariser l'ensemble des fonctions et plus spécialement les fonctions perturbées, diriger prudemment les crises qui traduisent l'effort réactionnel de l'organisme, telles sont les possibilités particulières du magnétisme.* »

Il est amusant de noter que Paul-Clément Jagot utilise le terme de « radioactivité humaine » pour parler du magnétisme curatif. Aujourd'hui, cette expression n'est plus utilisée. Pire même, elle est combattue par de nombreux chercheurs car le magnétisme n'a, pour eux, aucun rapport avec les émissions de type radioactif. En 1935, sous la plume de Jagot, cela peut paraître par contre très logique puisque l'année précédente mourait Marie Curie, prix Nobel de physique, qui consacra avec son mari l'essentiel de sa vie à l'étude du phénomène de la radioactivié. Il était donc tentant pour Jagot de raccrocher la théorie du magnétisme humain aux recherches de pointe de son époque.

Pour conclure sur la définition du magnétisme curatif, voici celle très imagée et très personnelle d'un magnétiseur contemporain, Gérard Morin, aujourd'hui disparu : « *Le corps humain est comme une batterie de voiture. Si la batterie se décharge, tout va mal. Certains individus ont un surplus de fluide qu'ils peuvent transmettre aux déficients pour les recharger et redonner la vitalité à leurs organes malades.* »

Si l'on cherche à définir l'acte de magnétiser, en résumé de ce qui précède, on peut affirmer que magnétiser, c'est utiliser l'énergie (baptisée fluide ou radiations,... selon l'époque considérée) qu'un individu possède et qu'il fait « passer » en général par ses mains vers un autre sujet afin de parvenir à soulager une douleur ou même guérir une maladie.

Mais quelles maladies le magnétisme curatif peut-il traiter ?

II. *Magnétisme curatif et maladies.*

Parmi les milliers de patients guéris chaque année en France par les magnétiseurs, il est totalement impossible de déterminer la part de l'effet placebo (autosuggestion) sur l'ensemble. Cette part est vraisemblablement importante car de nombreux patients viennent voir ces magnétiseurs parce qu'ils sont déçus par la médecine classique. Ces « déçus du médicament et du médecin » trouvent auprès des magnétiseurs un contact plus chaleureux, au double sens du terme : l'attention portée par le guérisseur et la chaleur des mains imposées leur font souvent plus d'effet que la « froideur » apparente du médecin (blouse blanche, ordonnance, ...).

Cette attention dont ils sont l'objet, au cours d'une séance de magnétisme durant de 15 à 30 minutes en moyenne (contre seulement une dizaine de minutes chez un médecin généraliste), et indépendamment d'effets magnétiques réels ou pas, aboutit souvent à une amélioration des troubles du patient.

Doit-on alors, dans ce cas, parler de miracle ? Non. Il s'agit vraisemblablement du résultat d'une double action suggestive = celle du magnétiseur qui s'attache à convaincre son patient qu'il peut et va le guérir (d'où l'importance des mots utilisés au cours de la séance — certains ont même une incontestable valeur hypnotique —, du décor du cabinet et de la tenue du magnétiseur) et celle du magnétisé, qui est venu, par un acte personnel, voir un thérapeute de la médecine non officielle avec l'espoir, la foi, de guérir enfin !

Enfin, car le malade aboutit toujours chez un guérisseur, après avoir vu médecins et spécialistes, et n'avoir constaté aucune amélioration de son état.

Cela étant, en dehors donc des effets de suggestion, et d'autosuggestion, force est de constater que le magnétisme apporte des soulagements et des guérisons dans le cas de nombreuses affections : les maladies psychosomatiques, les maladies nerveuses (dépressions, zonas) les maladies de peau (eczémas, psoriasis, brûlure), les problèmes respiratoires (asthme, bronchites, sinusites...), les rhumatismes (goutte, lumbagos, sciatiques), les kystes, les migraines, les verrues... La liste serait trop longue à énumérer d'autant plus que chaque magnétiseur obtient des résultats qui varient selon les maladies et les sujets traités.

Notons simplement que j'ai rencontré dans les salles d'attente de magnétiseurs, de très nombreux patients atteints de maladies dites incurables (cancer, sclérose en plaques, maladie de Parkinson...). Ces malades échouent souvent à cet endroit parce que la médecine officielle leur a annoncé, sans ménagement, qu'elle ne peut plus rien faire pour eux mais surtout parce qu'ils savent qu'un bon magnétiseur peut éventuellement atténuer la douleur et apporter un secours moral au cours de cette pénible et ultime période de leur vie.

Essayons donc de savoir ce que ressentent le magnétiseur et le magnétisé au cours de ce moment particulier qu'est la séance de magnétisme.

Que ressent donc le magnétiseur ?

En dehors des aspects physiques déjà évoqués (utilisation de techniques hypnotiques, télépathiques ou de suggestion), le magnétiseur en train de magnétiser utilise ses mains en direction du patient. Que ressent-il à ce moment-là ?

Certains ont l'impression de déverser un « liquide » (c'est leur propre terme) subtil et chaud sur le patient, « liquide » qui s'écoule de l'extrémité de leurs doigts. Cette image de liquide correspond à la notion de fluide, souvent évoquée dans les premiers chapitres. Certains ont le sentiment que leurs doigts, en touchant la peau du patient, « traversent » son corps pour atteindre l'organe malade à traiter (cette comparaison fait immédiatement penser à la technique des guérisseurs philippins, dont nous avons parlé au chapitre précédent).

D'autres magnétiseurs ressentent comme un souffle chaud dans leurs mains : cela leur permet disent-ils de détecter si un organe est congestionné car ils perçoivent alors une variation de température (sensation de froid) en passant leur main au-dessus de cet organe malade.

D'autres ressentent des picotements dans les doigts, ce qui signifie, pour eux, qu'ils se trouvent sur une zone malade.

Certains magnétiseurs estiment même posséder une sensibilité si aiguisée que leur main est conduite automatiquement vers l'organe qui a besoin d'être soigné. Ils appellent cela « l'entraînement des courants » (allusion aux passes à grand courant ou aux courants magnétiques, probablement).

D'autres encore deviennent les véritables « doubles » de leur patient : ils détectent son trouble parce qu'ils ressentent, comme lui, la même douleur au même endroit (douleur dans le crâne quand le patient souffre de migraine, par exemple).

Enfin, certains magnétiseurs... ne ressentent rien du

tout ! Ils assurent que ce sont leurs patients qui perçoivent des sensations. Mais lesquelles justement ?

Et que ressent le magnétisé ?

La plupart des malades perçoivent souvent une sensation de chaleur, au passage des mains du magnétiseur sur une partie de leur corps. D'autres perçoivent le contraire = un courant frais !

Certains patients se sentent comme « électrisés », d'autres, selon les cas, éprouvent des fourmillements, des contractions musculaires (crampes), des soubresauts (jambes qui se raidissent brutalement), des gargouillements (des organes se décongestionnent). Certains vont même jusqu'à percevoir l'accentuation de leur douleur actuelle ou le réveil d'une douleur ancienne.

Dans la majorité des cas, la sensation qui prédomine est celle d'un soulagement, d'un apaisement de la douleur, ce que la langue populaire a traduit dans l'expression : « enlever la douleur, comme avec la main ». Enfin, certains malades vont jusqu'à s'endormir profondément en pleine séance de magnétisme... sensibles qu'ils sont à l'hypnotisme.

Après avoir éprouvé des sensations, le malade va, dans la plupart des cas, constater une amélioration des troubles qu'il est venu faire soigner chez le magnétiseur. Quels troubles sont donc susceptibles d'être traités par magnétisme ?

Quelles maladies arrive-t-on à soulager par magnétisme ?

Tous les magnétiseurs affirment obtenir des résultats sur les maladies soignées par magnétisme (en dehors des maladies dites incurables : cancer, sclérose en plaques, maladie de Parkinson, sida...) c'est-à-dire sur — la liste n'est pas exhaustive — les névralgies dentaires, sciatiques, lumbagos, torticolis, migraines, angines de poitrine, tuberculose, pneumonie, pleurésie, bronchite, asthme ; sur les maladies du système digestif (gastrite, ulcères à l'estomac), sur les troubles intestinaux (constipation, coliques, entérites) ou encore, foie congestionné, affections des reins, rhumatismes, diabète, dermatoses, surmenage, hypertension, incontinence, insomnie, ...

La technique utilisée par les magnétiseurs ainsi que les résultats obtenus sont fonction, d'une part de la maladie à traiter (donc de l'établissement d'un bon diagnostic), et d'autre part de la réceptivité du patient (variable selon sa sensibilité et sa confiance ou au contraire son scepticisme vis-à-vis de cette thérapeutique).

Nous allons voir comment pratiquent les magnétiseurs pour soulager des affections courantes. Ceux-ci recommandent de ne pas se contenter de l'action « physique » des mains mais d'ajouter systématiquement, afin d'augmenter les effets curatifs, soit une action mentale soit une action à voix haute. Le principe consistant, pour l'opérateur, à se concentrer et à répéter ce qu'il va faire et quel résultat positif il veut obtenir : « Je mets mes mains sur votre foie, afin de le décongestionner et de supprimer vos migraines tenaces, etc... » (par exemple).

Analysons dans le détail comment « opèrent » les magnétiseurs pour soigner quelques maladies courantes comme l'angoisse, l'asthme, les brûlures, la constipation, les dermatoses, la grippe, l'insomnie, la migraine, les rhumatismes ou la sciatique. Les termes utilisés se réfèrent à ceux expliqués dans le chapitre précédent : « Comment devenir magnétiseur ».

A. *L'angoisse*

L'angoisse, évoquée ici, n'a rien à voir avec les réactions d'un patient sujet aux phobies (peurs instinctives) ou à une grave dépression nerveuse mais plutôt avec de la nervosité ou avec un sentiment de malaise, de non-sécurité face aux problèmes de la vie quotidienne.

1. Commencer par une séance de relaxation du patient, assis sur un tabouret, en pratiquant de la main droite des passes rapides de la nuque au bas du dos, en suivant la colonne vertébrale, toujours dans le sens du haut vers le bas (15 à 20 minutes).

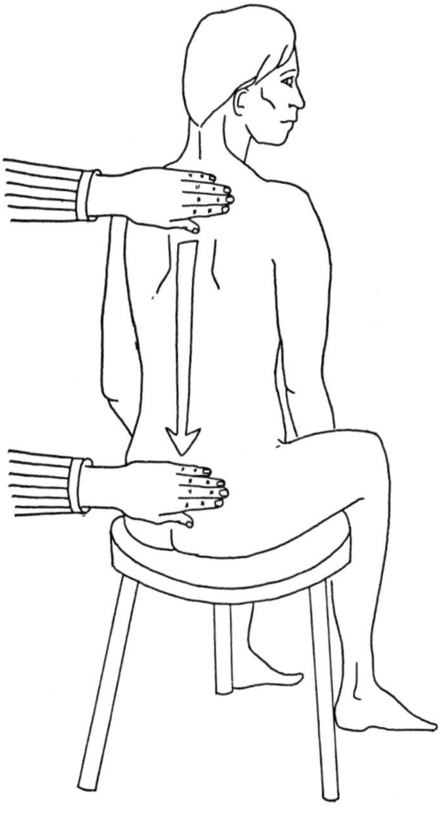

2. Le patient allongé sur le dos, continuer, par une longue application (10 à 15 minutes) de la main gauche sur le plexus solaire.

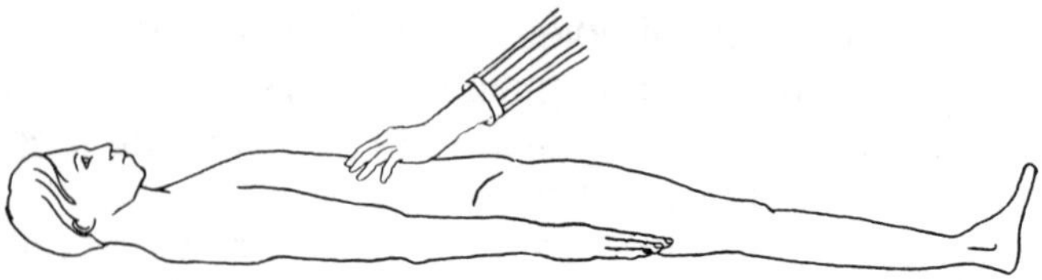

Pour améliorer psychiquement le patient, il est conseillé de faire des suggestions positives (voir le chapitre : « L'approche hypnotique »).

B. *L'asthme*

La séance se déroule en 4 temps :

1. Saturer magnétiquement la cage thoracique avec les deux mains à plat, en application, le sujet étant couché sur le dos.

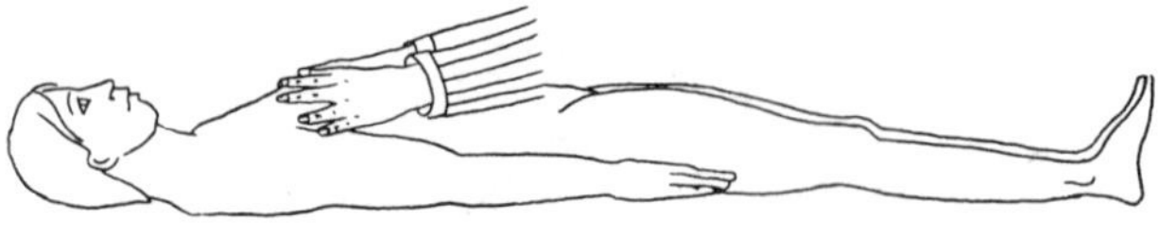

2. Faire mettre le sujet sur le ventre puis magnétiser avec les deux mains à plat du cou vers les reins en suivant la colonne vertébrale (passes avec imposition palmaire).

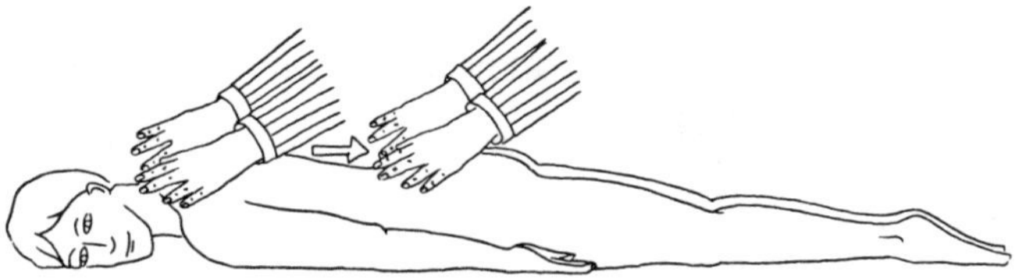

3. Remettre le sujet sur le dos afin d'agir sur le nerf pneumogastrique (dont la surexcitation est, semble-t-il, la cause des crises d'asthme), en plaçant pendant quelques minutes les mains à deux centimètres au-dessus du sternum (plexus solaire).

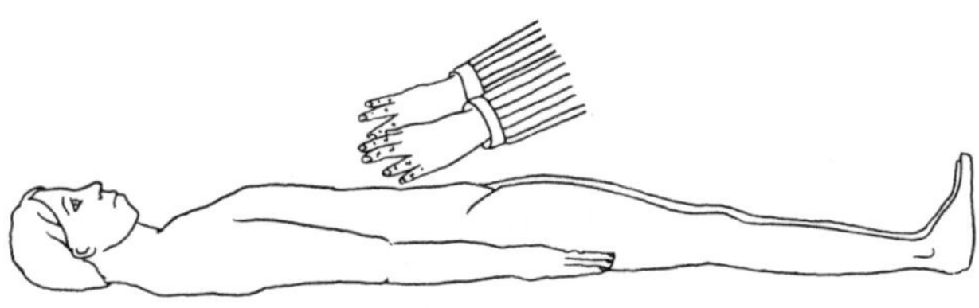

4. terminer en imposant les mains plusieurs minutes sur le foie, à 2 centimètres de la peau.

Cette séance est à renouveler trois fois par semaine.

C. *Les brûlures*

La quasi-totalité des magnétiseurs avouent obtenir de spectaculaires résultats sur les brûlures. Certains utilisent même, en plus du magnétisme, des incantations c'est-à-dire des paroles magiques ! Les brûlures sont traitées en deux temps, une fois par jour :

1) imposer les mains, à quelques centimètres de la plaie (de 15 à 20 minutes).

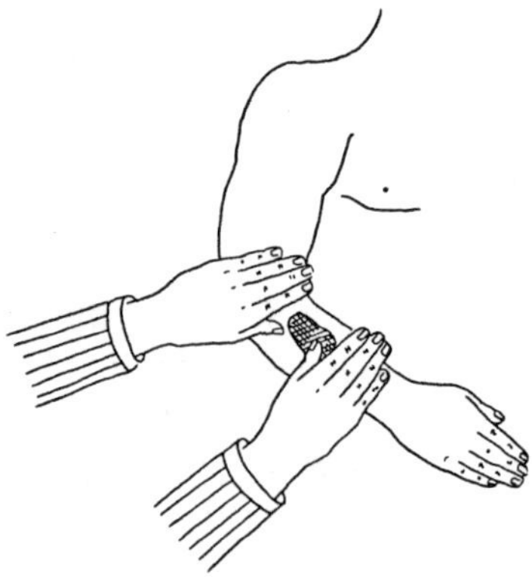

2) faire des insufflations froides (20 à 30 fois), à distance de la plaie (une dizaine de centimètres).

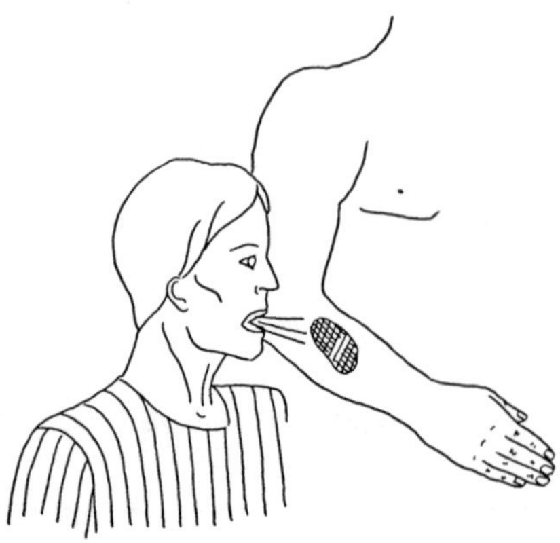

D. *La constipation*

Ses causes sont une insuffisance de fonctionnement soit de l'hypophyse, soit du foie. Il faudra donc magnétiser les deux, de la façon suivante :

1) faire d'abord des insufflations chaudes sur tout le ventre, autour du nombril (une minute).

2) puis imposer les mains sur cette même partie, pendant 2 à 3 minutes (imposition palmaire à deux centimètres du corps).

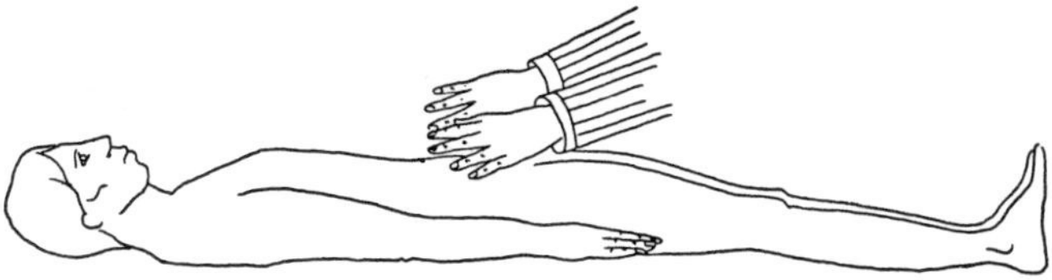

3) ensuite, continuer en faisant des passes circulaires, les doigts en pointe, dans le sens des aiguilles d'une montre (deux minutes).

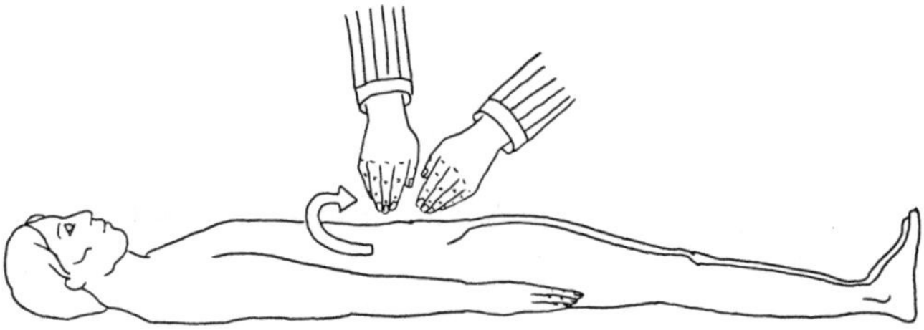

4) poursuivre par une imposition, les doigts toujours en pointe, à un ou deux centimètres de la racine du nez, entre les deux yeux (à l'emplacement du « 3e œil » oriental), afin d'agir sur la glande hypophyse (une minute). Puis descendre sur le foie afin d'essayer de le décongestionner (une minute).

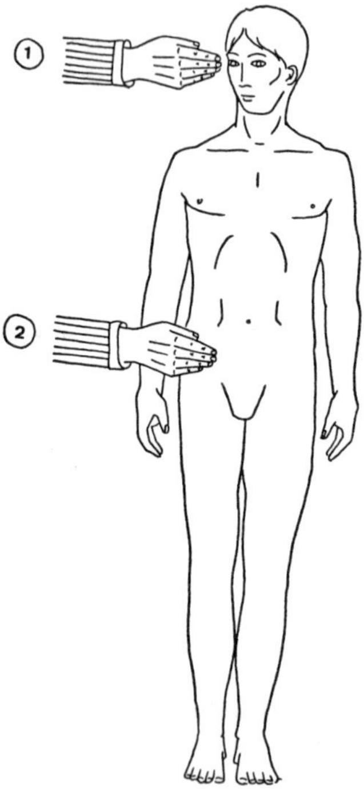

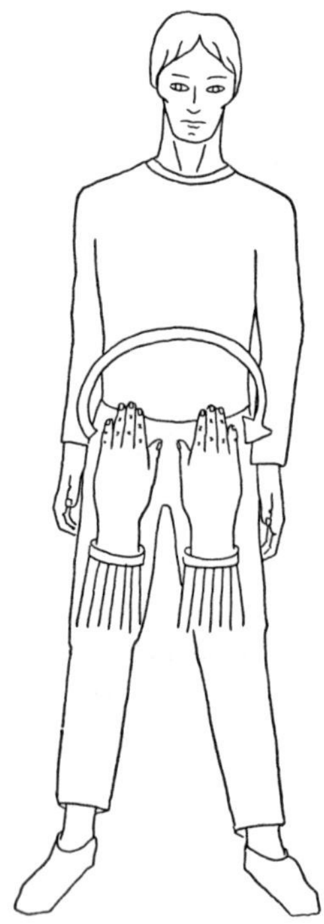

5) finir la séance en effleurant le corps, les mains à plat, tout en suivant le trajet du gros intestin, dans le sens des aiguilles d'une montre (faire une trentaine de rotations).

E. *Les dermatoses*

Abcès, furoncles, eczémas, prurits et toutes démangeaisons de la peau se magnétisent en travaillant :

1) d'abord localement, là où se situe l'affection de la peau (imposition de quelques minutes, à deux centimètres de la peau).

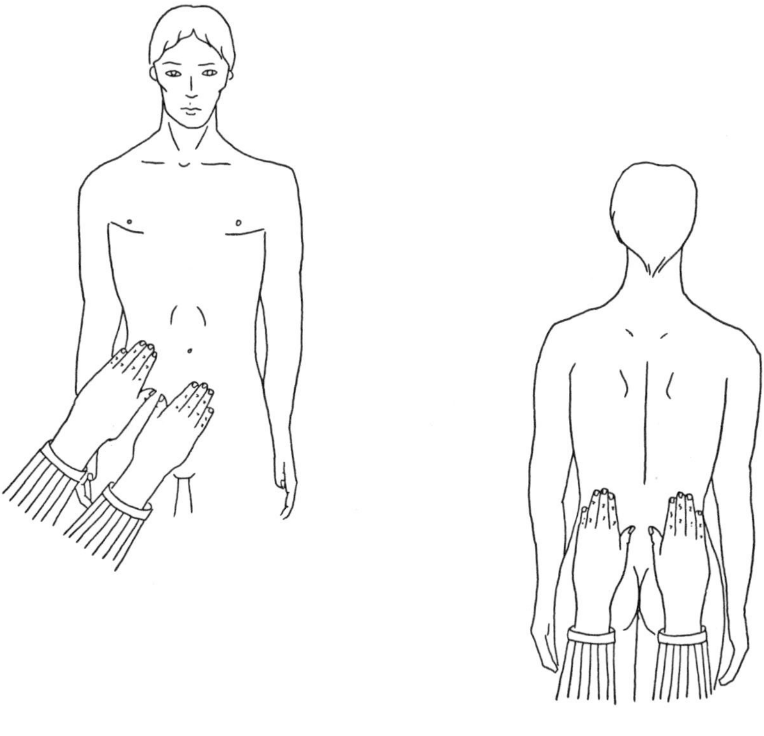

2) ensuite en agissant sur les organes qui permettent une bonne élimination et qui sont précisément engorgés (d'où ces troubles de la peau), c'est-à-dire essentiellement le foie et les reins. Imposer les deux mains pendant une dizaine de minutes à quelques centimètres de chacun des organes.

F. *La grippe*

A raison de trois séances par jour :

1) faire des passes rapides du haut en bas de la tête.

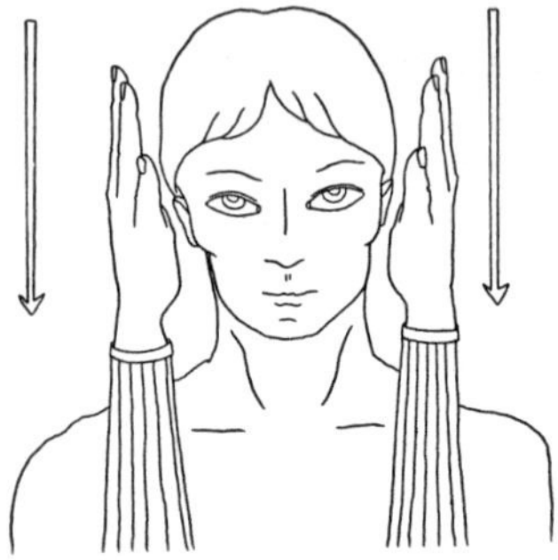

2) puis faire des passes lentes sur la gorge et les poumons du haut en bas.

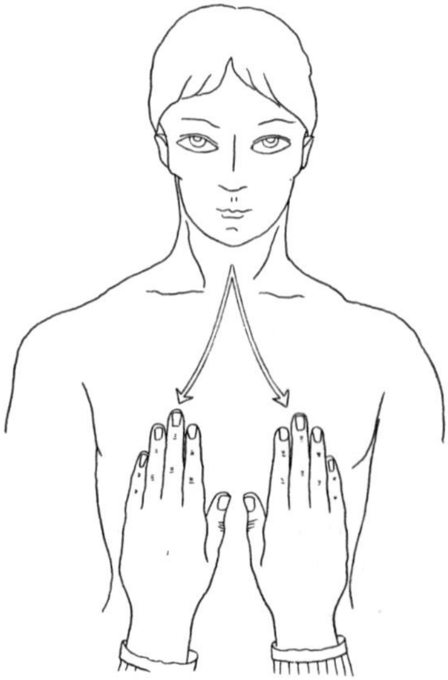

3) terminer par une magnétisation, doigts en faisceaux, de l'estomac et du foie (imposition digitale), deux minutes sur chaque organe.

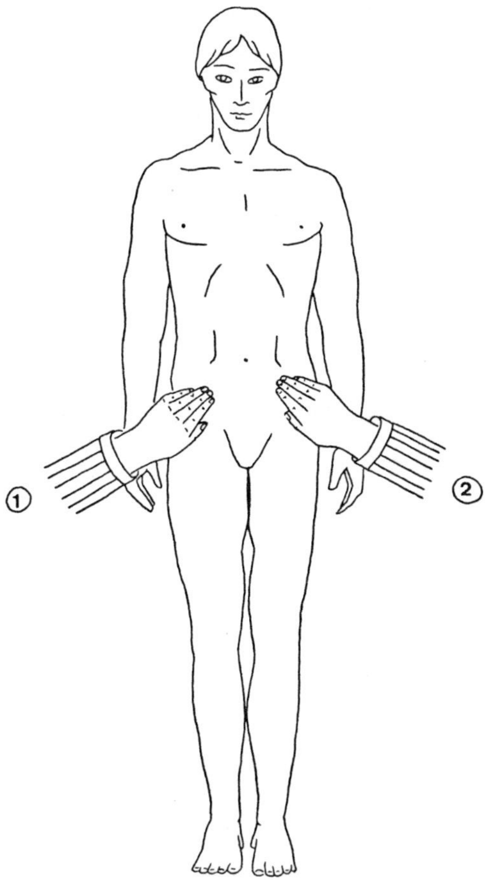

G. *L'insomnie*

Pratiquer deux séances par jour : une le matin, l'autre juste avant le coucher. Vérifier aussi la position du sujet au lit (la meilleure étant : tête au Nord, pieds au Sud). Et faire supprimer les excitants de toutes sortes (tabac, café, thé).

1) faire des impositions palmaires sur le crâne, la nuque (deux minutes) puis descendre lentement le long de la colonne vertébrale.

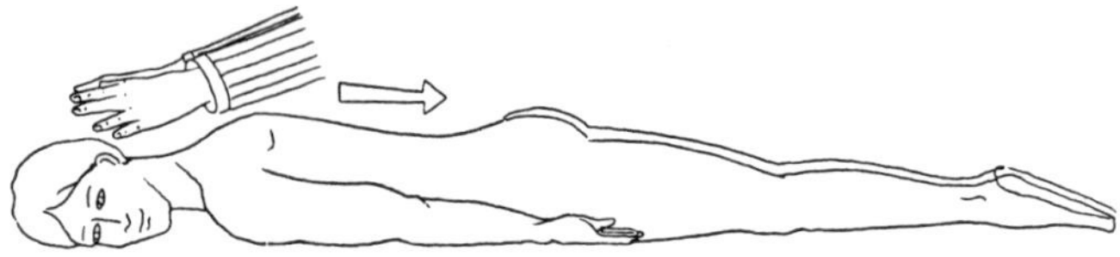

2) faire pratiquer une respiration lente, profonde, régulière et suggérer, à voix haute, un retour au calme et à un sommeil réparateur.

H. *La migraine*

Séance à répéter tant qu'il n'y a aucun soulagement.

1) prendre la tête du patient entre les deux mains : la droite sur son front, la gauche sur sa nuque (maintenir cette position pendant trois à cinq minutes). Attention de bien placer les dix doigts pointés en l'air (on appelle d'ailleurs cette technique : la technique de l'antenne, comme si cette position permettait de capter l'énergie cosmique).

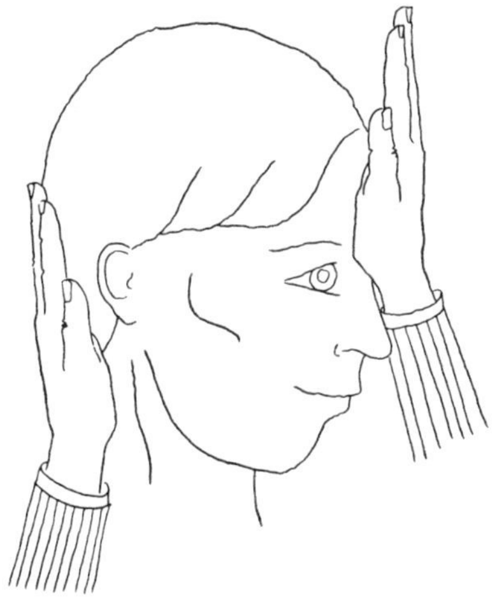

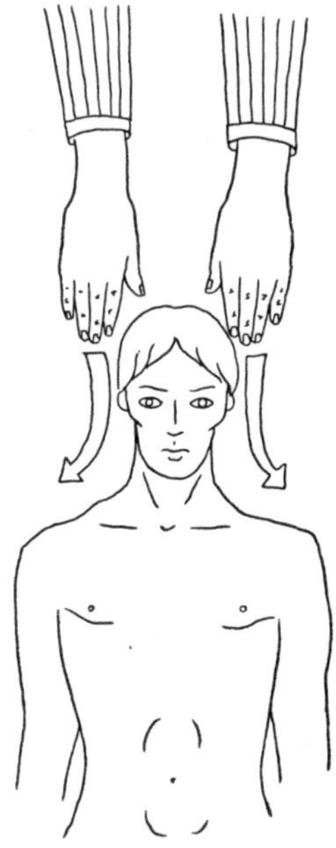

2) placer ensuite les deux mains au-dessus de sa tête et procéder par passes lentes jusqu'aux épaules (répéter ces mouvements pendant cinq bonnes minutes).

3) enfin, agir sur le foie par une imposition digitale circulaire (sens des aiguilles d'une montre) pendant deux minutes, les doigts en pointe.

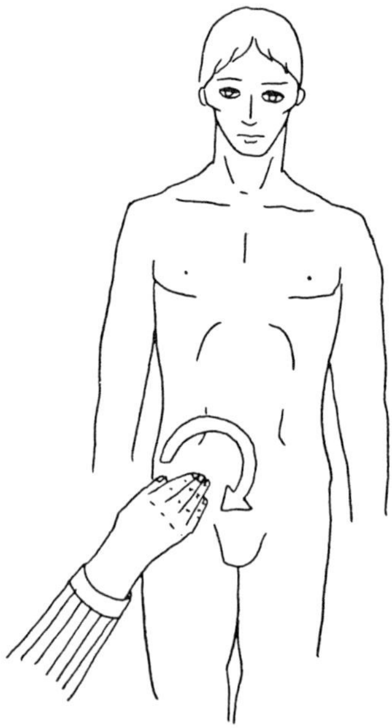

I. *Les rhumatismes*

La séance se déroule en trois temps et doit être renouvelée chaque jour :

1) commencer par des insufflations froides (20 à 30 fois) là où réside la douleur.

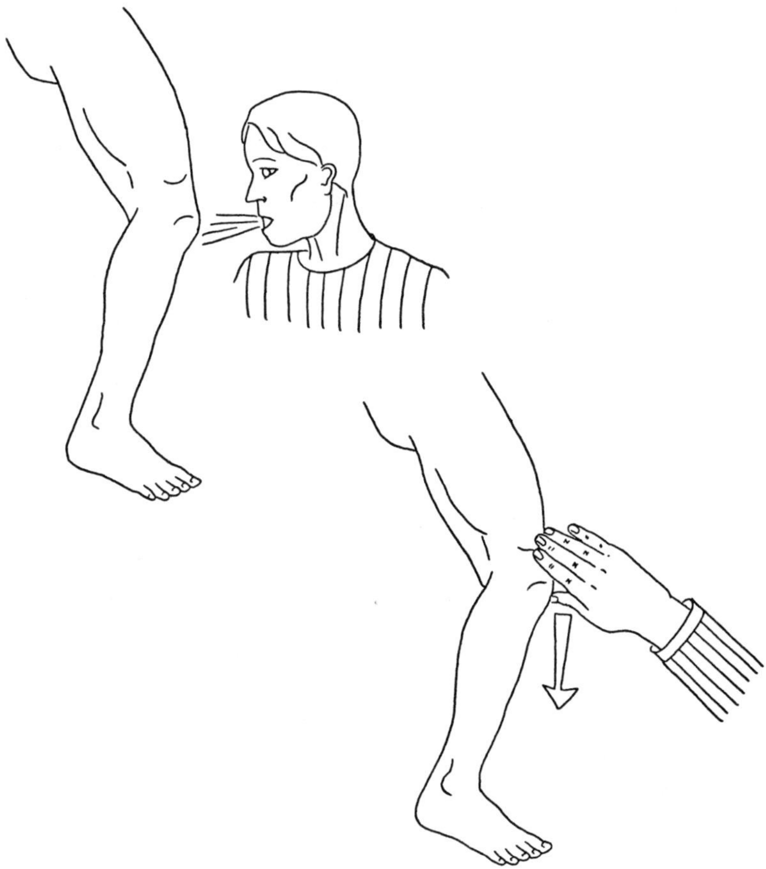

2) continuer par des passes lentes sur le siège de la douleur (dix minutes).

3) terminer par des passes rapides, faites de la main gauche, sur toute la colonne vertébrale (cinq minutes).

Il est recommandé de faire des suggestions hypnotiques pour accélérer le soulagement (suggérer que la partie atteinte retrouve sa tonicité et que la douleur va disparaître progressivement).

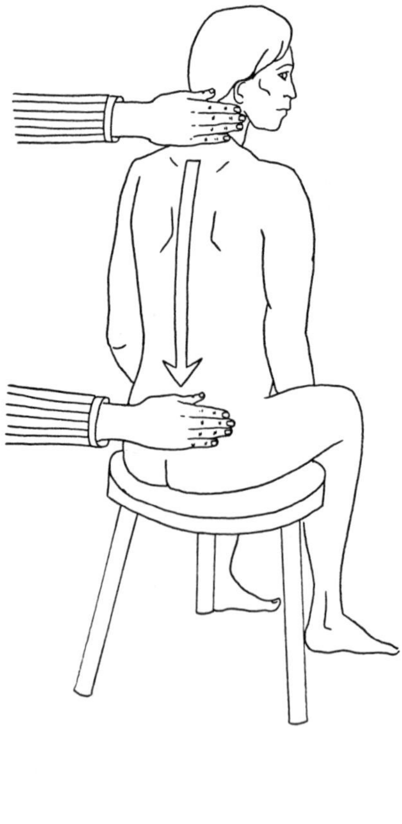

J. *La sciatique*

Ce mal moderne, qui frappe nombre de nos contemporains, se soigne bien par une ou deux séances de chiropraxie puis par ce traitement par magnétisme :

1) le sujet, étendu sur le ventre, placer les mains sur le plexus lombaire, une main de chaque côté de la colonne vertébrale, pendant trois à quatre minutes (application).

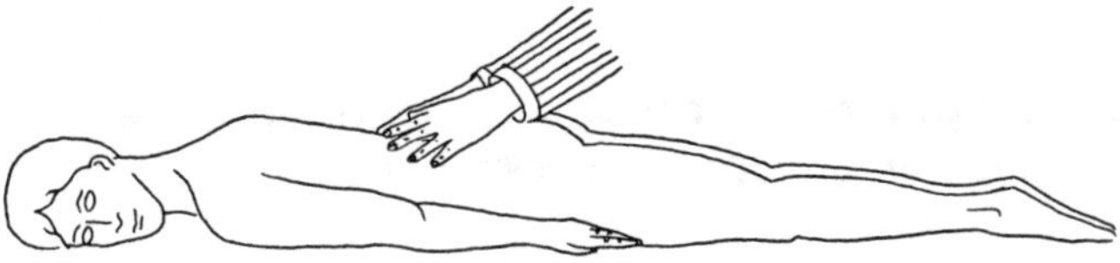

2) puis faire des passes lentes, à partir des reins, en descendant le long du nerf sciatique irrité, en insistant sur la région fessière concernée, pendant un bon quart d'heure.

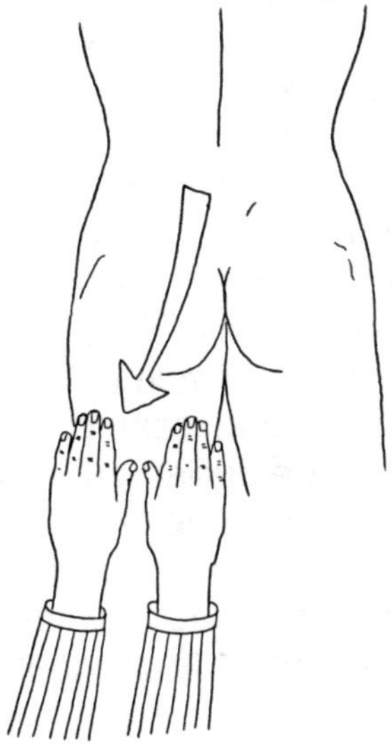

Nous venons de voir quelques techniques utilisées par la plupart des magnétiseurs pour soigner des maladies dites « courantes ». Dans tous les cas, il y a contact entre le patient et le magnétiseur, dans le cabinet de ce dernier.

Or, on va voir qu'il y a une autre façon de pratiquer le magnétisme : à distance. C'est-à-dire sans que patient et guérisseur soient physiquement ensemble. Surprenant ? Peut-être. De plus en plus fréquent ? Sûrement. Très rémunérateur ? Incontestablement !

III. *Le magnétisme curatif à distance : c'est facile, c'est rapide et ça peut rapporter gros*

Le magnétisme par imposition des mains, en présence du patient, était jusqu'à présent la thérapeutique la plus couramment utilisée. Or, on assiste depuis quelques années à l'apparition d'une nouvelle « technique » — le magnétisme à distance. Actuellement, en France, des dizaines de milliers de personnes sont soignées en restant tranquillement chez elles : le magnétiseur a reçu et conservé par devers lui (dans un tiroir de son bureau ou, pour celui qui en possède beaucoup plus, dans un meuble de rangement) les photos de ses patients, accompagnées du règlement (deux cents francs en moyenne). Pour « travailler » il prend une photo dans une main et la magnétise avec l'autre main. Ensuite, il a le choix entre deux possibilités : soit il renvoie cette photo (dite magnétisée) à son client afin que celui-ci la porte sur lui, bien rangée dans son portefeuille, ou glissée négligemment dans une poche (le mage Toe-Guor utilise cette technique avec les champions sportifs), soit il la classe dans une armoire (pour quelques jours, quelques mois ou... pour toujours). L'important pour le magnétiseur, c'est qu'il ait pris soin d'avertir son client qu'il magnétisera sa photo chaque soir, à heure fixe, ce qui correspondra à une séance de magnétisme... par correspondance. Ce dernier, de son côté, attend chez lui, patiemment mais ardemment, une amélioration de ses problèmes ! On comprend alors que certains magnétiseurs travaillent de cette façon puisque de nombreux clients l'acceptent (et l'exigent parfois) et que rien n'est contrôlable. N'est-ce pas le signe chez les patients d'un désarroi moral plus grave qu'il n'y paraît ?

Produits magnétisés en tous genres !

Un nombre de plus en plus important de clients de magnétiseurs semble ne plus se satisfaire des classiques « passes magnétiques » faites par les mains des guérisseurs sur tout ou partie de leur corps. En effet, beaucoup de patients demandent (certains vont même jusqu'à l'exiger !) d'emporter avec eux en quittant le cabinet un produit « magnétisé ». C'est-à-dire un produit sur lequel le magnétiseur a placé sa main « chargée en fluide vital ». Dans le grand bazar des gadgets magnétisés, on trouve aussi bien de l'eau (à laquelle on prête parfois des vertus miraculeuses aussi spectaculaires que celles de Lourdes) que du coton hydrophile, des mouchoirs, des médailles ou des pentacles magnétisés.

Mais on peut penser que l'Himalaya de la bêtise en matière de produits magnétisés a été atteint dans notre cher pays. De quoi s'agit-il ? D'un fait divers dont toute la presse française s'est faite l'écho, le 12 décembre 1985. Le personnage central en est un hôtelier-restaurateur, René S., 44 ans, de Villeneuve d'Aveyron, qui exerce, dans ses moments perdus, la fonction de guérisseur. Sa spécialité : le magnétisme.

Depuis une dizaine d'années, il pratique son art dans l'arrière-salle de son restaurant. Apparemment sans problèmes. Jusqu'au jour où arrive du Lot une femme de 38 ans atteinte d'un cancer du sein.

René S. lui affirme alors qu'elle se trompe et qu'elle souffre plutôt d'un fibrome à l'utérus. Pour cela, un seul traitement possible : le fibrome doit être traité par des spermatozoïdes magnétisés ! (sic). Et les siens de préférence. Pour quatre-vingts francs par séance, la patiente a donc reçu une « injection » hebdomadaire de spermatozoïdes guérisseurs. Mais elle commença à s'impatienter car les séances succédant aux séances, elle ne ressentait aucune amélioration tangible. Le traitement devait continuer, assura le guérisseur (qui avait le beau rôle !). Mais il fut pourtant brutalement interrompu par l'irruption imprévue et inopinée de l'épouse du magnétiseur qui surprit le couple en pleine... consultation. La patiente n'a pas exigé le remboursement de ses séances... mais a porté plainte pour viols (au pluriel) contre le restaurateur.

L'apparition d'une nouvelle maladie

Aujourd'hui, il n'est plus possible d'ignorer l'accroissement de ce qu'on pourrait appeler « les maladies mentales à traitement parapsychologique ». De quoi s'agit-il exactement ? Eh bien du fait que de plus en plus de personnes — de tous âges et de toutes conditions — s'estiment envoûtées ou possédées.

Jusqu'à il y a peu de temps, ce genre de maladie du 3e type, semblant venue d'ailleurs (de l'Enfer pour certains), altérait presque exclusivement le psychisme des habitants de nos campagnes. Le moins que l'on puisse dire, c'est que les explications concernant ces phénomènes n'embarrassaient pas les populations rurales :

« La Marie, on lui jette des sorts », « Le Gaston, il a le Diable chez lui » ou bien encore « La petite Charlotte est poursuivie par des esprits frappeurs ! ». On se protégeait alors en suspendant des gousses d'ail en chapelet, en plaçant des crucifix dans toutes les pièces ou, lorsque la gravité de la situation l'imposait, on faisait appel à un exorciste officiel (il en existe encore soixante-cinq en France), délégué en grandes pompes par l'Évêché et qui pratiquait une séance assez proche de celle du psychanalyste. Mais depuis quelques années, une terrible menace — Nostradamus lui-même ne l'avait pas prévue dans ses Centuries ! — pèse sur notre monde civilisé : nos concitoyens, et surtout ceux qui vivent dans les villes, sont maintenant sujets eux aussi aux angoisses, aux états dépressifs, au stress. Un esprit rationnel analyserait cet état de fait en expliquant que les causes sont probablement dues au chômage galopant, aux divorces de plus en plus fréquents ou bien encore à cette véritable peste moderne qu'est la pollution.

Or, des esprits plus torturés mais certainement plus opportunistes trouvent des causes beaucoup moins contrôlables et irrationnelles : si vous êtes souffrant, disent-ils, c'est que votre mental et votre physique sont sous l'influence d'une entité extérieure qui vous jette un sort. Parvenu à ce point de l'analyse, vous comprenez alors que vous êtes soit envoûté, soit possédé (nous verrons plus loin la différence entre les deux notions).

Il est amusant de remarquer que, de nos jours, les êtres humains n'ont plus l'exclusif privilège de l'envoûtement.

Les entreprises peuvent aussi être envoûtées !

La preuve : en mai 1984, le monde capitaliste apprenait avec stupéfaction que l'une des plus dynamiques sociétés américaines *Procter and Gamble,* spécialisée dans la production de lessives, savonnettes et autres couches pour bébés (Tide, Monsavon, Spic ou Pampers, c'est elle), décidait de changer tous ses emballages !

Quelle mouche avait donc piqué ce fabricant centenaire (l'entreprise existe depuis 1882), figurant en 1983 au 22e rang des entreprises industrielles américaines avec 13 milliards de dollars de chiffre d'affaires et au 1er rang mondial pour son investissement publicitaire ? Une attaque vigoureuse de son concurrent direct *Colgate Palmolive ?*

Vous n'y êtes pas du tout! La raison est totalement irrationnelle et même incrédible : c'est la peur du Diable!

Eh oui. A cause d'un inoffensif (en apparence) dessin figurant sur chacun des emballages de ses produits. Ce dessin (un logo disent les professionnels du marketing) avait été élaboré lors de la création de la société en 1882. A l'époque, les USA ne comportaient que treize États de l'Union. Voilà pourquoi le créateur de ce logo conçut un homme barbu et chevelu, au profil lunaire, inscrit dans un cercle avec treize étoiles. C'est tout. Pendant près d'un siècle, l'entreprise se développa régulièrement, submergeant la planète de ses paquets de lessive.

Jusqu'en 1976, date à laquelle des messages anonymes furent diffusés aux États-Unis sous forme d'un tract sur lequel on pouvait lire que ce logo prouvait irréfutablement que l'entreprise était sous l'emprise de Satan, étant donné que le personnage du logo ressemble au Diable, qu'il y a treize étoiles et que le tout est enfermé dans un cercle!

On n'a jamais su quel illuminé rédigea ce tract mais par contre on constata que cette campagne d'intoxication, que les dirigeants de Procter and Gamble traitèrent au début par l'indifférence, s'amplifia à tel point que des dizaines de milliers de consommateurs refusèrent d'acheter les produits portant ce symbole de crainte d'être « ensorcelés »! Huit ans plus tard en 1984, le Conseil d'Administration de la société se vit contraint de changer tous ses emballages... ce qui représente quelques milliards d'exemplaires et quelques milliards de dollars d'investissement!

Les trois catégories de magnétiseurs

Cette maladie (l'envoûtement) étant détectée, il ne restait plus à ses « inventeurs » qu'à s'en réserver la thérapie. J'ai qualifié cette maladie contemporaine de « maladie mentale à traitement parapsychologique » car toute une armée de guérisseurs s'est spécialisée dans le traitement des envoûtements. Les techniques sont très variées mais les tarifs sont, dans la plupart des cas, identiques, c'est-à-dire astronomiques. Escroquerie morale et escroquerie financière sont donc étroitement liées.

Il est possible de classer les guérisseurs en trois catégories, non pas en fonction de la technique utilisée mais en fonction de la décision du guérisseur de soigner le corps ou l'esprit de son patient :

— *la première catégorie* regroupe tous les magnétiseurs qui soulagent depuis toujours avec une approche classique (passes, impositions) en se préoccupant essentiellement et directement du corps du malade. Ils diagnostiquent très souvent au moyen d'un pendule puis s'attachent à soulager les perturbations physiques dont souffrent les malades. Le coût de la séance, qui a lieu dans leur cabinet, se situe dans la fourchette cent-deux cents francs. C'est dans cette catégorie qu'on trouve la plupart des thérapeutes sérieux.

— *la seconde catégorie* regroupe les guérisseurs qui soignent (ou disent soigner) à distance le corps des malades par l'entremise d'un « support » comme par exemple une photo, une mèche de cheveux, des rognures d'ongles. Ces guérisseurs parlent alors de magnétisme à distance ou de télépathie. J'ai ainsi rencontré un magnétiseur qui après sa dure journée de travail, affirme « magnétiser » chaque soir des milliers de photos rangées et classées dans une armoire de son bureau. Comme il m'assurait qu'il pensait mentalement et individuellement à chaque patient, un simple calcul prouve qu'il est matériellement et mathématiquement impossible de le faire. Supposons en effet qu'il y ait mille clients à traiter (dans le cas cité il y en avait beaucoup plus).

Il lui faut bien consacrer un minimum de trente secondes à chacun (et encore cette durée est dérisoire). Résultat : notre magnétiseur passera toute sa nuit à « magnétiser à distance » puisque sa tâche représente cinq cents minutes soit huit heures et vingt minutes de travail !

Il est donc assuré de ne pas pouvoir fermer l'œil de la nuit lorsque le premier client de la journée sonnera le matin à sa porte ! Le coût de la séance par correspondance d'un magnétiseur de la 2e catégorie saute alors à deux cents ou trois cents francs !

— *la troisième catégorie* regroupe tous ceux qui soignent le psychisme, sans se préoccuper du corps qui souffre. Ils arrivent à convaincre leurs malades que les douleurs qu'ils ressentent, les troubles qui les assaillent, le sentiment de « mal vivre » qui est leur quotidien n'ont qu'une seule cause : l'envoûtement.

Dans cette 3e catégorie, le coût de la séance n'a plus de tarif précis : 300 F, 400 F... jusqu'à 5 000 F (et même parfois plus !).

Une maladie ancienne remise au goût du jour

Au Moyen Âge, l'envoûtement consistait, d'après Le Petit Robert, « à représenter une personne par une figure de cire, de terre glaise, etc. (appelée « vout » de « vultus » = visage) dans le dessein de faire subir à la personne représentée l'effet magique des invocations que l'on prononce devant la figurine ou des atteintes qu'on lui porte ».

Aujourd'hui, les guérisseurs semblent ne plus se conformer à cette définition. D'abord, ils ont envahi les grandes cités alors que leurs prédécesseurs officiaient dans des endroits retirés de nos campagnes. Ensuite, poupées, figurines ou marionnettes n'existent plus. A quoi bon d'ailleurs, puisque les guérisseurs ont trouvé d'autres artifices pour suggestionner leur client qu'il est bel et bien envoûté. Certains vous font passer « le test irréfutable » qui vous dira si oui ou non vous êtes envoûté (il s'agit en réalité d'un habile tour de magie). D'autres vont se réfugier derrière toute une mise en scène exotique (guérisseur africain, boubou et musique typique). D'autres encore se mettront à débiter devant vous des incantations magiques ou des conjurations rituelles pour écarter démons et sortilèges.

Dans tous les cas, il est clair que l'envoûtement permet de déstabiliser psychiquement le patient... et de lui faire débourser des sommes démentielles.

Ainsi, je connais l'exemple d'une dame de très bonne famille, cultivée, riche, intelligente qui a été victime d'un « spécialiste en désenvoûtement ». Son problème était pourtant très simple : le divorce prononcé entre elle et son mari avait perturbé son fils, qui de plus, traversait au même moment cette période délicate pour un adolescent qu'est la puberté. Au lieu d'aller voir un spécialiste, le premier réflexe de cette femme fut de se rendre chez un guérisseur-désenvoûteur. Erreur funeste. Celui-ci, ayant bien mesuré le désarroi moral de la mère, réussit à la convaincre que son fils souffrait d'un envoûtement (il est à noter que l'envoûtement est assimilé à une maladie par ces guérisseurs puisqu'ils affirment qu'on souffre d'un envoûtement comme on souffre d'un lumbago !). La mère fut obligée de soumettre son fils à une dizaine de séances... et fut délestée de trente-cinq mille francs (trois millions et demi de centimes) !

Rencontre avec Raymond Réant, parapsychologue

Pour tenter de mieux comprendre le monde de l'envoûtement (on pourrait même écrire le marché de l'envoûtement, tant les sommes manipulées sont énormes, on vient d'en voir un exemple), j'ai demandé à Raymond Réant, chercheur en parapsychologie, ce qu'il en pensait*. Voici le

* Raymond Réant fait le récit de nombreuses expériences qu'il a tentées dans *Pratiquez la parapsychologie* et *La parapsychologie et l'invisible* (Éditions du Rocher).

reflet fidèle de notre rencontre dans son pavillon de Villeparisis (Seine-et-Marne), étant entendu que les interprétations de Raymond Réant lui sont tout à fait personnelles et ne sauraient engager l'auteur de ce livre.

Monsieur Réant, on vous connaît d'abord comme un adepte de la psychométrie qui consiste, par clairvoyance, à voir dans un objet l'histoire des événements que celui-ci a « vécus ». Pouvez-vous nous expliquer comment cela fonctionne ?

« La psychométrie (littéralement " mesure de l'âme ") est une technique qui consiste à raconter l'histoire d'un objet à partir de son toucher. A la place de psychométrie, je préfère d'ailleurs le terme " psychopathotactie " qui correspond exactement à cette action et qui me semble mieux adapté.

Pour parvenir à des résultats, je me concentre fortement sur l'objet à étudier (arme, vêtement, bijou...) et instantanément j'aperçois des images qui représentent les moments forts de la vie et de l'environnement de cet objet. J'explique ce phénomène en affirmant que les choses qui nous entourent ont — un peu comme les êtres humains — une mémoire dans laquelle s'impriment les faits essentiels dont elles sont les témoins involontaires et immobiles. Ainsi, un jour, on m'a apporté une pierre provenant de la muraille d'un château féodal pour essayer de détecter un trésor. J'ai capté des images d'un meurtre perpétré à l'aide d'un poignard et qui mettait en scène des gens vêtus comme au Moyen Âge. Un peu plus tard, après recherche sur l'histoire du château, on découvrit qu'un crime avait bien eu lieu à cet endroit plusieurs siècles auparavant. La pierre avait " mémorisé " comme un souvenir (ou peut-être même comme un cauchemar) ce meurtre du passé et c'est cela que j'avais capté ! »

Vous avez aussi, à l'image du regretté médium hollandais Gérard Croiset, participé avec un grand taux de réussite à la recherche de personnes disparues, grâce à la radiesthésie, c'est-à-dire en utilisant le pendule.

« C'est vrai. Mais je n'ai plus le temps de refaire ce type d'expériences car je donne maintenant des cours à un groupe d'élèves de tous âges et de toutes formations. C'est mon nouveau laboratoire d'expérimentation auquel je consacre l'essentiel de mes journées. Pour revenir aux personnes disparues, je pense que les bons résultats que j'ai obtenus proviennent de l'utilisation de deux techniques complémentaires : la clairvoyance et le pendule. La clairvoyance permet d'abord de voir l'environnement dans lequel évolue la personne disparue (ville, village, monuments...). Le pendule apporte ensuite, en travaillant sur une carte routière, la localisation précise du lieu où se trouve le disparu. Pour réussir un bon repérage, je me suis rendu compte que le travail du pendule était plus efficace de nuit, car la personne recherchée a moins de chance de se déplacer puisqu'en principe, elle dort. »

Aujourd'hui, en dehors de vos études avec votre groupe de recherche, vous passez une grande partie de votre temps à soulager les personnes qui souffrent d'envoûtement ou de possession. S'agit-il de phénomènes rares et comment les traitez-vous ?

« Contrairement à ce qu'on peut croire, les phénomènes d'envoûtement ou de possession sont nombreux dans notre société. Seulement les gens qui sont concernés en parlent peu. Mais, croyez-moi ces phénomènes existent bien et sont parfois très spectaculaires dans leurs manifestations. Je vous citerai deux exemples étonnants. Auparavant, il importe de préciser les deux notions car elles sont nettement différentes l'une de l'autre.

L'envoûtement consiste en une action extérieure à l'individu, pratiquée par une personne qui cherche à lui nuire : on dit d'ailleurs que cette dernière lui jette un sort.

L'envoûtement se manifeste par des perturbations organiques, une grande fatigue dont on ne peut se défaire. Lorsque la personne envoûtée consulte un médecin, ce dernier trouve souvent face à lui quelqu'un de bien portant.

La possession, par contre, est une véritable incorporation dans le sujet d'un être extérieur : on dit alors qu'il prend possession de son corps. Pour faire cesser ce phénomène, on pratique soit l'exorcisme (réalisé officiellement par les prêtres) soit la télépathie (c'est personnellement ce que je fais). »

Pouvez-vous nous faire le récit de deux exemples d'envoûtement et de possession que vous avez personnellement vécus et traités ?

« Bien sûr. Le premier pourrait être qualifié d'envoûtement par-delà la mort. Un jour, une femme de 50 ans vient me voir. Elle assistait à des phénomènes bizarres dans sa maison : ampoules électriques s'éteignant définitivement, linge se tâchant de jaune, montres et horloges déréglées... Mais surtout la chaise de son mari laissait des griffures à toute personne s'asseyant dessus. Pour moi, il était évident que tous ces problèmes provenaient de conflits incessants entre cette femme et son mari. Après enquête, j'en ai déduit que c'était ce dernier, mort récemment, qui était l'émetteur de l'envoûtement et se vengeait dans l'au-delà ! J'ai pu déprogrammer l'auteur de l'envoûtement en coupant le pont des ondes mentales qui reliait la femme à son mari. A partir de cet instant, les phénomènes insolites cessèrent dans sa maison et la femme retrouva toute sa sérénité.

Le deuxième exemple illustre le cas d'une personne possédée par le chef d'une secte : un jour, on frappe violemment à ma porte. J'ouvre et je me trouve face à deux jeunes gens qui soutiennent une jeune fille nerveuse, émotive qui paraissait en grande difficulté. Elle venait la veille de s'enfuir d'une secte dans laquelle elle vivait. Mais lors de son départ le responsable de cette secte lui avait prédit qu'elle le regretterait. Je la fis entrer dans mon salon pour qu'elle raconte son aventure. J'étais en train de travailler avec deux médecins qui peuvent témoigner de l'ensemble de cette histoire. Soudain, la jeune fille fut brusquement jetée à terre par une force inconnue et un filet de sang jaillit de sa joue. Puis d'une voix presque masculine, elle se mit à hurler des phrases qui semblaient dites par quelqu'un d'autre. La jeune fille était en réalité possédée par le chef de cette secte qui s'était donc incorporé en elle. Pour la libérer de cette emprise mentale et physique, j'ai pratiqué un dédoublement télépathique pour obliger l'auteur de la possession à arrêter son action. La jeune fille se calma alors et elle put retourner dans sa famille après ce terrible cauchemar. »

IV. *Les aimants qui soignent*

Depuis quelques années, une nouvelle thérapeutique fait un malheur au Japon d'où elle a déferlé sur les États-Unis et sur l'Europe : la magnétothérapie. Sous ce nom barbare, se cache l'utilisation des aimants pour soulager la douleur. Certains chercheurs emploient le terme d'aimantothérapie, formé avec le radical « aimant » pour manifester son appartenance à la théorie générale du magnétisme puisque les aimants créent des champs magnétiques par eux-mêmes. (Le terme de magnétothérapie est préférable à celui d'aimantothérapie car forgé à partir de deux radicaux grecs.)

Les aimants naturels sont des minerais ferromagnétiques qui proviennent de roches volcaniques d'importants gisements de Sibérie, de Suède, du Groenland. Ces roches volcaniques se sont formées à partir de la lave des volcans et, en refroidissant, se sont aimantées en absorbant l'énergie magnétique terrestre. Ce minerai, au pouvoir attractif certain (il attire la limaille de fer), est appelé « magnétite » et contient de l'oxyde de fer (Fe_3O_4). Son nom tire ses origines de la ville de Magnesia, en Asie Mineure, où l'on a découvert, sous le règne d'Alexandre le Grand, de l'oxyde de fer aux vertus attractives.

Les anciens chinois connaissaient, paraît-il, les pouvoirs des aimants naturels puisqu'ils les appliquaient déjà sur les méridiens d'acupuncture pour soulager de nombreuses douleurs.

Et on a même soutenu que Cléopâtre dormait avec un aimant sur le front, afin d'être toujours belle et en bonne santé !

Les premiers chercheurs qui utilisèrent les aimants pour soigner furent Lenoble en 1754, le père Hell en 1774 et, bien sûr Franz Anton Mesmer qui créera une confusion, qui dure encore aujourd'hui, entre magnétisme minéral et magnétisme animal.

Au cours du siècle suivant, Burq constata qu'en appliquant des plaques de métal sur certaines parties du corps humain, le patient ressentait un soulagement plus ou moins important. Nous étions en 1849 et Burq venait d'inventer la métallothérapie. Il utilisait sa méthode pour traiter les contractures hystériques ou les crampes des cholériques. Par empirisme, il constata que le même métal ne convenait pas à tous les sujets. Burq attribuait l'action des métaux à une force inconnue dans son essence, mais qui lui semblait être analogue au magnétisme et à l'électricité. Il avait raison puisqu'un savant, du nom de Regnard, constata que l'application de plaques métalliques sur une partie du corps humain créait un courant électrique, dont on pouvait mesurer l'intensité au galvanomètre. D'autre part, il se rendit compte qu'en appliquant le courant d'une pile de même intensité que celle obtenue avec une plaque de métal, on procurait les mêmes effets chez le malade.

Des courants de la pile aux aimants, il n'y a qu'un pas que franchirent Charcot et Debove qui s'aperçurent que les effets de l'aimantation étaient plus rapides, plus intenses et plus durables que les effets des métaux et de l'électricité.

Les travaux du docteur Chazarain

Mais, jusqu'en septembre 1887, personne n'avait réellement tenté d'expliquer ces phénomènes. A cette date fut présentée au Congrès de Toulouse une communication, suivie d'expériences faites sur un sujet, relative « aux courants de la polarité dans l'aimant et dans le corps humain ». Son auteur était le docteur Chazarain. Ses travaux ont, hélas, été oubliés depuis. Heureusement, les Éditions Jacques Bersez ont réédité tel quel son texte original.

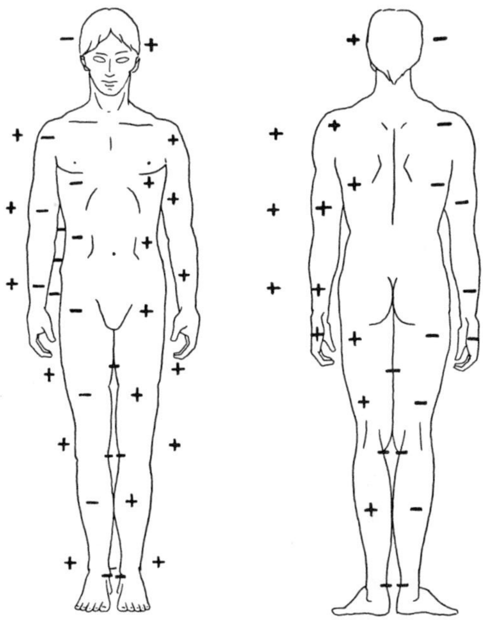

Polarité du corps humain
selon le docteur Chazarain.

Qu'a donc découvert le docteur Chazarain? Si on résume ses travaux, repris plus tard par Hector Durville, on apprend que le corps humain possède une polarité comme une pile électrique ou un aimant. Cette polarité est la suivante :

— la tête et la poitrine sont positifs du côté gauche et négatifs du côté droit,

— les bras et les jambes sont positifs à l'extérieur et négatifs à l'intérieur.

Cette théorie de la polarité rappelle étrangement le pentacle d'Agrippa que nous avons évoqué au cours de l'approche magique du chapitre précédent.

Le Dr Chazarain explique aussi comment, d'après lui, un magnétiseur obtient des réactions sur ses patients en pratiquant l'imposition :

1) quand sa main gauche travaille, elle a une action décontractante sur le torse et excitante sur le front du patient,

2) quand sa main droite travaille, elle a une action contractante sur le torse et calmante sur le front du patient.

Ces effets de polarité du Dr Chazarain se retrouvent dans la magnétothérapie qui considère le corps de l'homme comme une pile électrique ou un aimant. C'est pourquoi, depuis un siècle, la tentation a toujours été très forte d'utiliser des courants électriques ou des aimants naturels pour soigner. Mais aujourd'hui, ces derniers ne sont plus employés. Ils sont remplacés par des aimants artificiels qui fournissent dix fois plus de puissance en moyenne, à volume égal.

Ne perdez pas le Nord

La puissance de l'aimant artificiel provient du champ magnétique qui se crée entre ses deux pôles. On sait que les lignes de force de l'aimant partent du pôle Nord pour se terminer au pôle Sud. Un aimant, mis en contact avec de la limaille de fer, fournit un spectre magnétique (ou un « fantôme magnétique », ce qui exprime la même notion de surnaturel !) dont l'allure est la suivante :

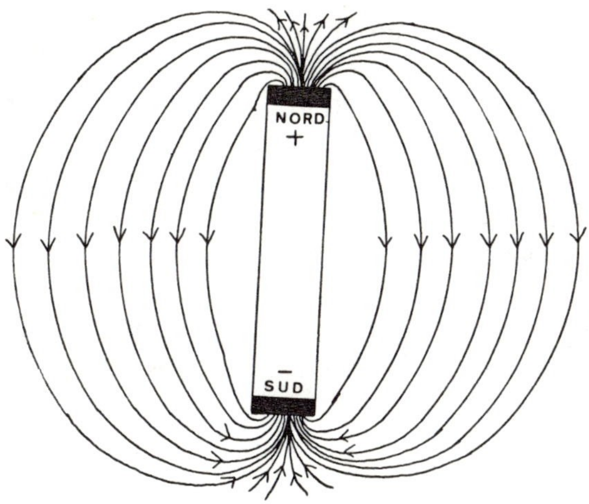

Chaque pôle a ses propres caractéristiques :

- le pôle Nord est positif, procure du froid, calme et relaxe,
- le pôle Sud est négatif, apporte de la chaleur, tonifie et est anti-inflammatoire.

La polarité des aimants n'est pas une simple convention : elle repose sur des données concrètes et vérifiées. Ceux qui connaissent bien la théorie des ondes de forme savent par exemple qu'il est préférable de dormir tête au Nord, pieds au Sud : le sommeil est plus calme et régénérateur.

Les magnétothérapeutes ont la même approche que celle des acupuncteurs : ils travaillent en effet à partir des méridiens en plaçant leurs aimants sur les points d'acupuncture. La stimulation de ces points dépend de l'effet recherché : pour calmer, on appliquera le pôle Nord sur le point, pour exciter on appliquera le pôle Sud.

Les vertus des aimants étant bien connues, il restait à inventer des aimants alliant l'efficacité au côté pratique. C'est maintenant chose faite.

Petites pastilles, grands effets

Les Japonais sont en train d'inonder le marché avec de petites pastilles aimantées, appelées « taïkis » et se présentant sous forme hexagonale avec sept petites protubérances dorées.

Chaque pastille fait 6 mm de diamètre, 2 mm de hauteur et fournit une intensité magnétique de 750 gauss (pour mémoire, rappelons que le champ magnétique terrestre est de 0,47 gauss en France ; 0,3 à l'équateur et 0,7 aux pôles).

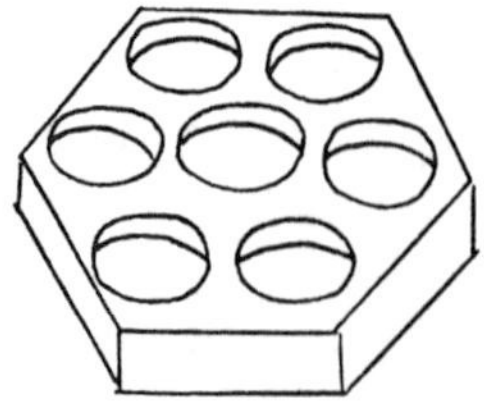

Leur utilisation est recommandée pour toutes les douleurs musculaires, les torticolis, les lumbagos, les migraines, les sciatiques, les rhumatismes. Plusieurs pastilles doivent être posées simultanément et gardées deux ou trois jours avant de les remplacer. L'action thérapeutique des pastilles repose sur 4 éléments :

1. la force magnétique de chaque pastille aimantée pénètre profondément dans les tissus sous-cutanés
2. un « effet Joule », sous forme de chaleur, est alors créé, résultant d'un courant électrique induit dans le sang
3. le taux d'oxygène dans le sang se trouve alors augmenté
4. il survient une dissociation électrolytique qui active la circulation du sang et décontracte les muscles.

L'action de ces pastilles étant de soulager la douleur, c'est donc nécessairement leur pôle Nord qui est en contact avec la peau du patient. Le soulagement apparaît à partir du 2e jour. Voici le schéma de fonctionnement d'une pastille aimantée.

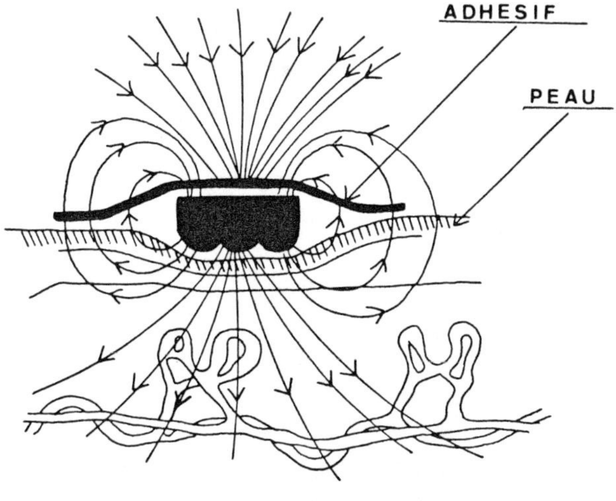

(le champ magnétique de la pastille aimantée pénètre profondément dans les tissus sous-cutanés pour supprimer la raideur musculaire et stimuler la circulation sanguine).

En France, le docteur Jean-Bernard Baron, directeur du département de posturographie et de biomagnétisme à l'Hôpital Sainte-Anne de Paris, directeur de recherches au CNRS et professeur à Tokyo, utilise des aimants possédant un champ magnétique allant de 500 à 1 500 gauss. De plus, le docteur Baron se sert personnellement dans son service d'aimants composés de ferrite inclus dans du polyvinyle et qui se présentent sous la forme de plaques noires et souples d'un millimètre d'épaisseur.

Quelques conseils pour avoir une santé de fer

1. Toujours placer les pastilles (ou les aimants) symétriquement par rapport à l'axe médian du corps humain.

Voici un exemple pour le lumbago :

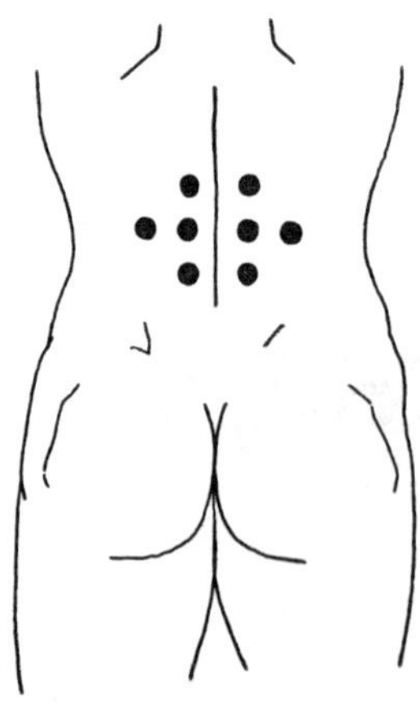

2. Le meilleur moment pour commencer un traitement de magnétothérapie est le matin.
3. Il n'y a pratiquement pas de contre-indications sauf pour les femmes enceintes, les spasmophiles, les porteurs de stimulateur cardiaque.

4. Il faut éviter d'appliquer les pastilles sur les yeux et sur le crâne.
5. Elles peuvent provoquer quelques désagréments lors de la première application (vertige, somnolence, bourdonnement des oreilles) mais cela cesse vite.

Pour le lecteur qui souhaiterait en savoir plus sur la magnétothérapie, se reporter au livre du Dr Louis Donnet : « Les aimants pour votre santé » (Éditions Dangles).

Il n'y a pas que le fer dans la vie !

L'utilisation thérapeutique des aimants repose sur le principe que ces derniers créent un champ magnétique aux effets régénérateurs sur l'individu.

Certains chercheurs constatant que le fer parvenait à ces résultats, se demandèrent si d'autres métaux de la nature ne parviendraient pas, eux aussi, à soulager la douleur. La métallothérapie était née !

Cette branche, cousine de la magnétothérapie, est beaucoup plus ancienne qu'on ne pourrait le croire. Les Chaldéens, il y a plus de 3 000 ans, avaient dressé les vertus curatives de métaux comme le fer bien sûr, mais aussi comme l'or, l'argent et le cuivre. Les prêtres, qui étaient aussi médecins, faisaient porter à leurs patients des plaques de métal sur lesquelles figuraient les signes astrologiques de la planète correspondant à ce métal et à la maladie à soigner. Médecine, astrologie et métallothérapie étaient donc étroitement associées. Cette pratique s'est ensuite répandue dans d'autres pays mais, au cours des siècles, elle s'est dégradée pour se résumer uniquement au port de talismans ou d'amulettes. Rappelons que le talisman a un rôle actif (il est censé apporter le pouvoir ou le bonheur) alors que l'amulette a un rôle passif (elle est censée protéger des maladies, des dangers, des maléfices). La fonction bénéfique du métal avait donc été totalement évacuée au profit du simple symbole graphique figurant sur ces bijoux.

Mais depuis quelques années, notre civilisation industrielle est en train de redécouvrir les vertus thérapeutiques de certains métaux, qui se trouvent ainsi réhabilités aux yeux des malades.

C'est le cas du cuivre, par exemple, qui soulage de façon spectaculaire les douleurs provoquées par les rhumatismes. Pour cela, il suffit de porter au poignet un bracelet de ce métal, en prenant bien soin qu'il ne soit pas d'un seul tenant et que les deux extrémités ne se touchent pas. Le résultat obtenu n'a rien à voir avec un éventuel « effet placebo » (autosuggestion) mais s'explique par le fait que le cuivre disperse l'électricité statique que l'organisme humain accumule.

C'est aussi le cas d'un autre métal : le zinc. Les effets du zinc sont du même ordre que ceux du cuivre : l'électricité statique se trouve déchargée hors du corps humain (on obtient ce résultat en posant ses mains quelques minutes chaque jour sur une plaque de zinc).

Mais on peut aussi associer le cuivre et le zinc pour obtenir des effets encore plus sensibles : un bracelet de cuivre à un poignet et un bracelet de zinc à l'autre poignet ; voilà créée une véritable pile électrique dont les ondes bénéfiques vont traverser votre corps et lui fournir une énergie positive.

V. *Quel est l'avis de la médecine officielle sur le magnétisme curatif ?*

Lorsqu'on cherche à répondre à cette question fondamentale, on est très vite surpris du peu de prises de position officielles des médecins. Ignorance, indifférence ou peur de ce sujet déclaré tabou par l'Ordre qui les regroupe et qui se charge, en leur nom, de poursuivre en justice tous ceux qui, non médecins, tentent d'exercer leur rôle de guérisseurs, ces apôtres modernes d'un culte voué au Dieu Magnétisme et à la Déesse Radiesthésie ?

Il est quand même étonnant de constater que depuis Franz Anton Mesmer (qui était, rappelons-le, lui-même médecin), c'est-à-dire depuis maintenant deux siècles, la Médecine officielle conserve un silence gêné vis-à-vis du magnétisme.

Pourtant, certains médecins courageux ont élevé la voix et pris position par rapport à l'engouement croissant du public pour les médecines nouvelles.

Parmi ces voix, il faut particulièrement remarquer celle du Docteur Christian Coers, professeur à la Faculté de Médecine de l'Université libre de Bruxelles et spécialiste international des maladies neuromusculaires.

Dans son passionnant ouvrage « Médecins ou Magiciens » (Arthaud), le Dr Coërs, fustige les guérisseurs qui exploitent la crédulité humaine en affirmant posséder un don surnaturel, un pouvoir divin : « *L'aspiration fort honorable des médecines naturelles à encourager l'action individuelle et l'indépendance ne doit pas faire négliger la part d'obscurantisme et de superstition et le risque d'imposture qu'elles comportent... En vérité, il en est des médecines douces comme des cures thermales. Elles n'agissent pas tant par l'eau qu'on y fait boire et dont les vertus relèvent souvent d'une mythologie, que par le cérémonial qu'elles comportent et surtout le mode de vie, la diète et les exercices qu'on y impose.*

Vous allez, bien sûr, objecter que les radiesthésistes et les magnétiseurs ne demandent pas tous ces sacrifices. Je veux bien admettre avec vous que certains individus ont le pouvoir de soulager, sinon de guérir, que ce soit par leur force magnétique, par leur pouvoir de suggestion ou par tout autre procédé. Mais, veuillez m'excuser de taper toujours sur le même clou, quelque disposition que l'on ait, on ne devient un bon musicien qu'après avoir passé de longues années à apprendre la musique. Il en est ainsi de tout métier difficile, et l'art de guérir en est un. Même si l'on est capable de le faire en imposant les mains, il importe d'être aussi en mesure d'établir un diagnostic par les moyens éprouvés et, le cas échéant, d'appliquer un traitement moins aléatoire que le fluide...

Le pouvoir évocateur de certains mots est tel que leurs sens propre et figuré se confondent. Magnétisme désignait à l'origine les propriétés de l'aimant. Il fut plus tard attribué aux individus possédant le fluide, puis aux gens capables d'hypnotiser leurs semblables. Or, le seul point commun entre le champ magnétique d'un aimant et un pouvoir magnétique est que leur nature nous reste inconnue. Cette analogie ne suffit évidemment pas à faire du second une force que l'on pourra un jour mesurer comme on mesure celle d'un aimant ».

Une autre voix médicale s'est aussi élevée récemment : celle du Professeur Henri-Pierre Klotz, ex-directeur du service d'endocrinologie de l'Hôpital Bichat puis de l'Hôpital Beaujon. Dans son livre « Du bon usage de la médecine » (Presses de la Renaissance), le Professeur Klotz est catégorique : « *Que dire des thérapeutiques par le magnétisme, la radiesthésie, la manipulation bioénergétique, les méditations transcendantales ? Que toutes ces techniques cachent sous des noms d'emprunt un peu mystérieux, leur vide scientifique...*

Parmi les praticiens de médecines douces, certains ont une connaissance vraie des médications douces et des limites de leurs indications, ils connaissent aussi l'autre médecine. D'autres au contraire sont très proches des guérisseurs. Il faudrait dire quelques mots de ceux-ci.

Il est bien évident que nombre de gens trouvent auprès d'eux une amélioration de leur santé, sinon ils ne seraient pas si répandus. Mais leur succès par l'imposition des mains ou toute autre technique ne prouve absolument pas qu'ils dégagent un quelconque fluide que leur sectateur appellera vital ou énergétique. Comme je l'écrivais déjà il y a quelques années, dans cette guérison par le guérisseur, le malade apporte tout, le guérisseur rien, si ce n'est sa foi communicative, puis, avec les années, son savoir-faire et son faire savoir. A la limite, un robot guérisseur ferait aussi bien s'il était si parfait que le malade n'aperçoive pas la supercherie ».

Enfin, en 1980, aux Éditions Ramsay, parut un ouvrage intitulé « Le Magnétisme ». Son originalité n'a pas résidé dans le fait que c'était encore un ouvrage de plus sur le magnétisme mais plutôt que ce livre était écrit par Émile Wanono, célèbre kinésithérapeute des hôpitaux de Paris. Surnommé le « guérisseur des champions » pour avoir soigné dans les années soixante et soixante-dix tous les principaux champions que le sport français a produit (Michel Platini et ses camarades de l'Équipe de France de football ont profité de ses soins), Émile Wanono révèle : « *J'ai compris que, à côté des connaissances médicales modernes et des traitements efficaces dispensés par médecins et chirurgiens, il existe un pouvoir mystérieux que chacun, médecin ou non et à des degrés divers, possède au bout de ses doigts et qu'il peut développer.*

La médecine ancienne ou moderne s'est obstinément démarquée de la magie et du magnétisme. Et pourtant, n'est-elle pas essentiellement l'expression de la magie magnétique ? Le médecin exerce le magnétisme comme M. Jourdain la prose. Quand les médicaments se montrent impuissants ou inopérants, seul le magnétisme inconscient ou volontaire du médecin soutient et redonne la divine espérance au malade ou au moribond.

La gamme des guérisseurs est étendue. Leurs moyens et procédés thérapeutiques vont de l'eau au feu, des plantes aux métaux, en passant par le jeûne, les lavements, la prière et les manipulations.

Le sourcier, prêtre ou laïque, chercheur des précieux

points d'eau, a donné quelque crédit à la radiesthésie, qui s'arroge abusivement le diagnostic et le traitement des maladies. Par contre, le jeûne et les lavements sont passés de l'empirisme à la consécration médicale.

Nos tisanes n'ont pas attendu les phytothérapeutes mégalomythomanes pour trouver une place de choix dans de nombreuses spécialités pharmaceutiques, autrement plus efficaces que des bains de mains ou de pieds.

La « Christian Science » distingue dans nos prières une action thérapeutique indéniable, réservée aux fidèles qui désirent profiter sur cette terre de toutes les bontés promises par le Ciel.

Et notre magnétisme ? Il est nostalgique et menacé par sa sœur jumelle, la pranathérapie qui nous vient des Indes, soutenue par une presse friande de nouveautés.

De simples gestes de mains à deux ou trois centimètres de certains points du corps, douloureux ou non, peuvent cependant provoquer la sédation, la sérénité, voire le sommeil artificiel ou hypnotique.

Faut-il être doué pour obtenir ces résultats ?

Interrogez-vous : êtes-vous convaincu que la main peut être calmante ? Le regard pesant ou pénétrant ? La voix séduisante ou paisible ? Dans l'affirmative, vous êtes susceptible de prodiguer le fluide magnétique, ou d'en bénéficier ».

Reconnaissons que les avis « autorisés » de spécialistes comme le Dr Coërs, le Professeur Klotz ou le kinésithérapeute Émile Wanono sont rares mais ont au moins le mérite d'exister. Cependant, ils n'apportent aucune preuve scientifique de l'existence ou de la non existence du magnétisme.

Jusqu'à ces dernières années, partisans et détracteurs du magnétisme ne se sont pas opposés sur des bases scientifiques mais plutôt en terme de croyance : il y a le camp de ceux qui « croient au magnétisme » et le camp de ceux qui « n'y croient pas ».

En réalité, ce débat n'avait jusqu'à présent trouvé aucune solution car personne n'avait encore réellement entrepris d'expérience mesurable, répétitive et contrôlée en laboratoire.

Avec les travaux du Dr Bernard Grad, chercheur en biologie au Allan Memorial Institute de Montréal (Canada), c'est maintenant chose faite.

VI. ***Quand un scientifique teste le magnétisme curatif***

Les expérimentations menées par le Docteur Grad sont intéressantes car il préféra opérer sur des animaux plutôt que sur des sujets humains, trop sensibles à l'autosuggestion ou à la foi. Avec des souris, en effet, pas de risque d'autosuggestion ou de compréhension de l'expérience en cours. Les résultats obtenus ne pourront pas être taxés alors de subjectivité.

Pour expérimenter le magnétisme curatif sur ses souris, le docteur Grad fit appel à un magnétiseur d'origine hongroise : Oskar Estebany. Ancien colonel de l'armée, Estebany avait quitté en 1957 son pays pour le Canada. C'est là que le Docteur Grad le rencontra et l'engagea pour le tester dans son laboratoire.

Les tests furent effectués avec une grande rigueur scientifique. Ils font en effet appel à la procédure dite en double-aveugle (traduction de l'anglais « double blind test »). Cette procédure a pour but d'éviter tout effet de suggestion ou d'autosuggestion (les scientifiques appellent cela l'effet placebo) de la part aussi bien des patients (qui attendent secrètement un certain type de soulagement) que des chercheurs (qui espèrent, eux, un certain type de résultat).

Voilà pourquoi on appelle cette méthodologie « en double-aveugle » — patients et chercheurs ignorent quels sont les groupes qui seront traités par une thérapeutique spécifique et quels sont ceux qui serviront seulement de témoin.

En quoi a consisté l'expérience du Dr Grad, réalisée en 1965 et qui fait aujourd'hui autorité ?

Elle a visé à comparer la vitesse de guérison d'une blessure occasionnée volontairement à quarante-huit souris blanches, sur le dos desquelles avait été prélevé un morceau de peau. Ces quarante-huit souris furent ensuite réparties dans trois boîtes grillagées contenant chacune seize souris : le premier groupe fut considéré comme le groupe-témoin, c'est-à-dire que la cicatrisation des blessures devait se faire naturellement, sans influence extérieure. Le second groupe reçut l'imposition des mains du magnétiseur, afin de mesurer s'il existait une influence du « magnétisme » sur la cicatrisation des blessures (le guérisseur imposait ses mains au-dessus de la cage deux fois par jour, quinze minutes chaque fois, sans toucher les souris). Enfin, le troisième groupe fut soumis à une source de chaleur dégageant la même quantité de calories que la paume de la main humaine.

Les résultats furent très spectaculaires. Au quatorzième jour de l'expérimentation, on constata que la cicatrisation avait évolué de façon différente selon les groupes : quatre souris du groupe-témoin virent leur blessure se cicatriser, contre onze dans le groupe « magnétisé » par le guérisseur et six dans le groupe soumis à la chaleur.

Résultats des expériences du Docteur Grad (au 14e jour)

Pour le Dr Grad, ces résultats prouvent l'existence d'une énergie (certains diraient « fluide ») qui se transfère du magnétiseur (l'émetteur) vers le malade (le récepteur), que ce dernier soit un être humain, un animal ou une plante. Il faut signaler que le Dr Grad a renouvelé son étude sur un plus grand nombre de souris blanches (300), à l'Université

Groupe-témoin (aucune action extérieure)	**Groupe soumis à l'action du magnétiseur**	**Groupe soumis à l'action d'une source de chaleur**

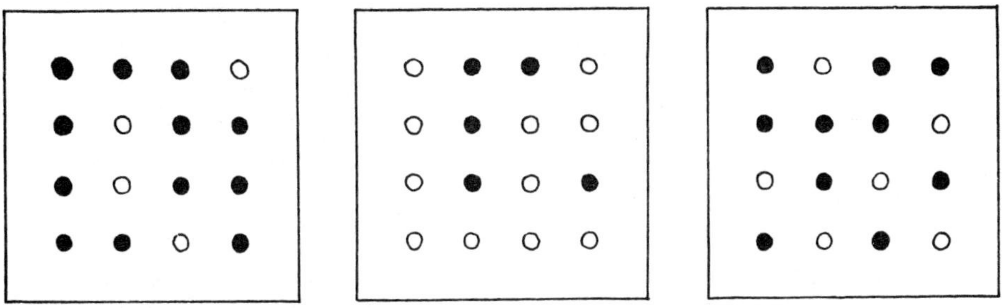

16 souris *4 cicatrisations* *soit 25 %*	*16 souris* *11 cicatrisations* *soit 68 %*	*16 souris* *6 cicatrisations* *soit 37 %*

du Manitoba, en utilisant les mêmes critères d'expérimentation et qu'il obtint les mêmes résultats qu'à Montréal.

Quelles conclusions le Dr Grad tira-t-il de toutes ses expériences ? Que le magnétisme curatif existe puisque des plaies sont soignées plus vite que par la voie normale. Qu'une espèce d'énergie, qui n'est pas uniquement de la chaleur, agit sur la reconstitution des cellules vivantes. Que le magnétiseur obtient des effets différents selon l'état d'esprit et la forme avec lesquels il se présente lors des expériences.

Si Charles de Saint-Savin (co-fondateur en 1950 avec le Dr Claoué du Gnoma, le premier groupement français de guérisseurs) était encore de ce monde, nul doute qu'il exploiterait au maximum les résultats scientifiques du Dr Grad, lui qui, dès 1960, dans son livre « Le Magnétisme et votre santé » (Librairie Courrier du Livre) s'insurgeait contre les critiques soutenues des médecins reprochant aux guérisseurs d'employer des procédés empiriques.

« Et alors ? Toute la médecine n'est-elle pas autre chose que de l'empirisme codifié ? Comment a été découverte la pénicilline si ce n'est par le fait du plus grand hasard ?

Des moisissures tombées sur une culture de microbes ; mais il y avait là un homme savant et surtout observateur (Sir Alexander Fleming). Comment a-t-on trouvé l'héparine, la tromexane, si ce n'est parce qu'on avait disséqué des moutons crevés après avoir ingurgité de la luzerne mouillée.

Il ne faut pas faire fi de l'empirisme. Les diplômes les plus divers ne confèrent pas l'esprit de recherche, l'esprit d'observation, l'intuition. J'irai plus loin. Il est possible que trop de science nuise parfois. On croit tout savoir alors qu'on ne sait pas grand-chose. Le Dr Leriche ne disait-il pas : " Passé l'âge de trente ans, on ne trouve plus rien. "

Trouver, c'est bien. Mais ce qui est vraiment difficile c'est de faire admettre. Sans l'appui d'un grand laboratoire, sans la caution d'un grand patron, le jeune chercheur qui trouve un remède nouveau se heurtera à l'indifférence et trop souvent à l'hostilité. Il paraît superflu de donner des exemples que tout le monde connaît.

Je le répète : quand une science ne possède pas la totalité de son déterminisme, il y a, ou il doit y avoir, une place réservée à l'empirisme et aux empiriques. La médecine est très loin de connaître la totalité du déterminisme biologique. Il doit donc y avoir une place pour les empiriques. Ces empiriques, ce sont trop souvent ceux qu'on appelle des guérisseurs. Il ne faudrait pas croire que chez les guérisseurs, il n'y a que des ignorants ou des farfelus. Il y a aussi des gens qui travaillent, qui cherchent, qui réfléchissent et même qui trouvent.

Dans ce domaine du magnétisme que je connais un peu, il y a beaucoup d'hommes qui ne se contentent pas de soigner des malades ou de vendre des diplômes. Il y en a qui cherchent à comprendre, qui échafaudent des théories et proposent des explications. Elles valent ce qu'elles valent, bien sûr, mais de l'effort de l'un d'entre eux, ou de tous, jaillira peut-être un jour la lumière. Il ne faut donc pas essayer de les décourager, ce qui semble du reste, difficile. Au contraire, les scientifiques devraient suivre leurs efforts et leurs recherches, sans tenir compte des parchemins ou des diplômes. Est-ce vraiment trop difficile ? »

VII. *Exemples de guérisons obtenues par des magnétiseurs français*

Quand on fait une investigation dans le monde étrange et passionnant des magnétiseurs, on est très vite confronté à un problème majeur et insolite : les guérisons affirmées avoir été obtenues sont-elles réelles ou pas ?

Se contenter unilatéralement de la version des guérisseurs serait sacrifier une approche rationnelle au profit d'un sensationnalisme trop facile.

Enquêter sur des malades guéris est bien sûr nécessaire mais certainement pas suffisant : je l'ai souvent fait, soit en parlant de vive voix avec eux, soit en compulsant de nombreuses lettres dites « de témoignage », envoyées aux guérisseurs et dans lesquelles, en termes souvent simples et poignants, tous les patients soulagés crient sincèrement au miracle.

Mais comment déterminer objectivement si ces résultats sont le fait d'une autosuggestion positive du patient, d'une erreur de diagnostic médical, d'une action réelle du guérisseur (surtout dans le cas de maladies psychosomatiques) ou bien encore d'un effet retardé du traitement médical suivi avant la visite chez le thérapeute.

Pour le savoir, il fallait aller plus loin : apporter des preuves tangibles, donner des chiffres, obtenir des résultats d'expertise médicale avant et après l'intervention du guérisseur.

Voici donc cinq dossiers étonnants de guérisons obtenues par des magnétiseurs français contemporains. De quoi vous forger une opinion personnelle sur le magnétisme curatif.

Dossier n° 1 : la suppression d'un rhume tenace

— **guérisseur :** Joseph Boucharlat, magnétiseur
— **patient :** Michel D., habitant à St-Egrève (Isère)
— **le cas :** Monsieur D. souffrait d'un rhume chronique dont il n'arrivait pas à se débarrasser. En l'espace de vingt et un mois, il a vu à peu près tous les spécialistes susceptibles de le soulager (allergologue, oto-rhino-laryngologiste, homéopathe, acupuncteur, immunologue...) !

Sans aucun résultat direct sur sa maladie mais parfois avec, en prime, des effets secondaires désagréables (allergies aux médicaments, par exemple). En désespoir de cause, il est allé consulter un magnétiseur (M. Joseph Boucharlat).

Résultat : une guérison en quatre séances d'imposition des mains.

— **la pièce principale du dossier :** c'est la lettre récapitulative de tous les traitements suivis (et subis !) par M. D.

Monsieur D   Michel

38120 - SAINT EGREVE -

SAINT EGREVE le 24 NOVEMBRE 1982

Je Soussigné, Monsieur D   Michel, demeurant à 38120 ST EGREVE, certifie que Monsieur BOUCHARLAT, Magnétiseur à ROUSSILLON, m'a soigné et surtout m'a guéri d'un rhume chronique.

A SAVOIR : depuis 2I mois, je me faisais soigner pour un rhume, soit les symptômes suivants : mal de tête, mal de gorge, le nez qui coule. (Je tiens à signaler que les derniers temps, je mouchais du sang, et que j'avais très mal aux oreilles).

Pendant ces 2I mois, j'ai vu les médecins suivants qui m'ont prescrit des traitements plus ou moins forts.

A SAVOIR :

ALLERGOLOGUE : 1 piqûre par semaine à base de cortizone, zaditen et primalan 1 c. matin midi et soir.

Soufrane soluté nasal soufré 3 à 5 fois par jour.

PHARMACIE : rupton et sup rhinite 3 gélules par jour.

HOPITAL : 2 O.R.L.

- Dénoral 3 fois par jour.
- Rovamycine 500 3 fois par jour
- Balsofumine tous les soirs.

J'ai dû arrêter le traitement car j'ai fais une allergie aux médicaments prescrits.

J'ai donc vu un généraliste qui m'a ordonné d'arrêter les médicaments ci-dessus et de prendre :
- céporine piqûres IM 3 - Primalan et Ultralan.

Les deux médecins que j'ai vu à l'hôpital étaient formels on devait m'opérer,soit:m'arracher les dents du haut, car je faisais une infection interne.

O R L en ville.

Biocidan nébuliseur 4 à 6 fois par jour - solacy 1 gélule matin midi soir.

Rhinatp sans vaso constricteur 10 jours -ce docteur m'a suivi avec les traitements ci-dessus, et devait m'opérer des sinus)

J'ai téléphoné à ce docteur pour lui donner de mes nouvelles qui n'étaient guère satisfaisantes, et celui ci m'a répondu "vous n'avez qu'à changer de région" !...

HOMEOPATHIE -

- Poumon histaminé 9 CH
- Naphtalinum 5 CH
- nux vomica 7 CH.

ACUPUNCTURE -

1 Séance de 1/2 heure par semaine pendant 1 mois, ensuite tous les mois.

- MAG 2 3 ampoules par jour - Biocidant ORL - LOMUSOL 4 fois par jour - Teldane 1 C x 2 fois par jour - calcium sandoz fort 2 c. par jour 15 jours.
- Bécotide 3/4 fois par jour - zaditen 1 gelule matin/soir.
- Optium 2/3 gouttes par jour .- EMGE Lumière 1/3 c par jour
- Calcium sandoz IV. lente (30) OR - argent - 1 dose perling par jour -(traitement de 7 mois sans résultat).

ALLERGOLOGUE IMMUNOLOGUE -

Bécotide Nazal 3 fois par jour - 1 injection IM de diprostène 20 injections sous cutanées.

HOMEOPATHIE :

- 2 piqures - vermifuge corse - Hépar sulfuris 5 CH
- pinus pinaster - allium cepa - Bryonia - beladona -
- mercurius.

Après tous ces traitements, qui ont duré 2I mois, j'étais toujours malade, fatigué, sans oublier les maux de ventre, les crises de foie etc...

Après presque 2 ans de traitement sans résultat, j'ai téléphoné à Monsieur BOUCHARLAT Magnétiseur, qui a était très aimable, et qui m'a pris dans les meilleurs délais. Je tiens à signaler que quand j'ai vu Monsieur BOUCHARLAT pour la première fois, j'étais en pleine crise, soit le nez pris, mal de gorge, maux de tête. Après une séance de magnétisme qui a duré 1 heure, je n'étais plus malade, je me sentais très bien (sans médicaments).

Monsieur BOUCHARLAT m'a écouté, il m'a conseillé, et il a tout de suite trouvé le mal, et m'a guéri.

Monsieur BOUCHARLAT m'a fait 4 séances de magnétisme qui ont été pour moi bénéfiques, car aujourd'hui je l'avoue je ne suis plus enrhumé. Je remercie Monsieur BOUCHARLAT pour tout ce qu'il a fait pour moi, ainsi que pour tous les conseils qu'il a pu me donner, sans oublier Madame BOUCHARLAT, qui a été très aimable, et qui a su me faire patienter dans la bonne humeur.

Je regrette qu'une chose, c'est que les magnétiseurs ne soient pas plus connus, car à GRENOBLE ou ailleurs il doit y avoir certainement des cas semblables au mien, et je trouve qu'il est plus agréable de guérir sans médicament, plutôt que d'employer les traitements classiques "LES ANTIBIOTIQUES".

- Pourquoi les magnétiseurs ne sont-ils pas reconnus comme des médecins!...

N O T A :

J'autorise Monsieur BOUCHARLAT à faire lire cette lettre dans ses réunions de médecine.

Monsieur D

Dossier n° 2 : la guérison d'une paralysie

— **guérisseur :** Henri Cros, magnétiseur
— **patient :** Mlle L. (Paris)
— **le cas :** intéressant à un double titre car on assiste à la rencontre insolite entre voyance et magnétisme. Henri Cros m'a raconté les conditions dans lesquelles il fut amené à accomplir ce qu'il considère comme sa plus spectaculaire guérison. Un dimanche après-midi de l'année 1959, il alla assister à une conférence du Dr Dugast. En sortant de cette conférence, il passa devant une autre salle dont la porte était ouverte. Sur la porte, un panneau : voyance et divination sur photo. A l'intérieur, une très nombreuse assistance semblait fascinée par trois femmes assises sur une estrade derrière un large bureau. Intrigué, Henri Cros décida de s'asseoir et de suivre cette séance. Les gens qui composaient le public avaient déposé la photo d'un proche (mort ou vivant) sur le bureau. Chaque voyante, alternativement, prenait alors une des photos au hasard, se concentrait et commençait à parler de la personne figurant dessus. A un moment donné, l'une des voyantes prit une photo et déclara : « Cette petite fille est paralysée. Les médecins ont affirmé qu'elle ne pourra plus marcher. C'est sa mère qui a déposé cette photo ici. Levez-vous madame ! » La mère était bien dans la salle et se leva.

Puis la voyante continua : « Je sais qu'on peut guérir cette enfant. La personne qui peut le faire est d'ailleurs parmi nous. C'est un magnétiseur. » Henri Cros reçut comme un électrochoc ! Il rougit et se demanda quel confrère assistait aussi à cette réunion. La voyante reprit : « Il n'y a qu'un magnétiseur dans cette salle. Monsieur levez-vous s'il vous plaît et prenez immédiatement rendez-vous avec la mère de l'enfant car je sais que vous pouvez faire quelque chose ! »

Dès le lendemain, la mère amenait dans ses bras la petite fille, âgée de sept ans, chez Henri Cros. Après trois mois de magnétisme (à raison d'une séance — gratuite — par semaine), l'enfant se mit à retrouver progressivement l'usage de ses jambes.

« Mais le plus émouvant, me déclara Henri Cros, fut de voir la petite, au cours d'un de mes procès pour exercice illégal de la médecine, venir témoigner à la barre, en marchant normalement, et tout cela devant les yeux du médecin spécialiste qui l'avait suivie depuis l'apparition de ses problèmes. »

Ma rencontre avec Henri Cros

A 70 ans (il en paraît à peine 50 !), il magnétise toujours. Bel exemple de longévité et d'amour du prochain. J'ai voulu en savoir plus sur sa perception du magnétisme et sur son rôle de magnétiseur.

Le magnétisme peut-il être considéré comme un don ou bien existe-t-il des techniques qu'on peut apprendre et utiliser ?

« Je crois que chacun de nous possède du magnétisme mais certains disposent d'une intensité de rayonnement plus forte. Pour pouvoir en profiter au mieux, il faudra cependant travailler, étudier, expérimenter. Ainsi, dès l'âge de 16 ans, j'ai suivi les cours les plus réputés de l'époque : ceux des frères Durville. Malheureusement, aujourd'hui il n'existe plus d'école sérieuse enseignant le magnétisme. C'est regrettable. Voilà pourquoi je suis en train d'élaborer un projet de Faculté qui pourrait dispenser des cours gratuits. »

Que se passe-t-il réellement quand vous « magnétisez » vos patients ?
Ressentez-vous des sensations spécifiques ?

« Oui, de très nettes sensations au bout des doigts. Car c'est par là que transite l'énergie que je transmets au patient. A mon avis, cette énergie provient de mon cerveau, vraisemblablement d'une zone appelée « thalamus ». Cette énergie va se transférer chez le patient et le rééquilibrer, le revitaliser, le recharger, un peu comme on rechargerait une batterie pour faire repartir une voiture.

Ainsi, sans toucher le corps du patient, je vais pouvoir le calmer, le relaxer, lui redonner de l'énergie précisément là où il en manque. »

Peut-on prouver scientifiquement que le magnétisme existe ?

« En premier lieu, je peux dire que le phénomène dont on parle ne peut absolument pas se confondre avec l'autosuggestion.

J'en veux pour preuve les résultats qu'on obtient sur les animaux et sur les enfants. Mais avant tout, le magnétisme est pour moi acte d'amour vis-à-vis de son prochain. Car, en plus de l'énergie vitale et bienfaitrice que je transmets, je suis animé du désir d'aider, de soulager, d'être utile, en un mot d'aimer.

En ce qui concerne les preuves scientifiques de l'existence de mon magnétisme, j'en vois plusieurs :

1° les rayonnements d'énergie que j'émets sont photographiables sur pellicules infrarouges,

2° quand je magnétise de la main droite, je calme alors qu'avec la main gauche j'excite. Il est d'ailleurs intéressant de noter que le phénomène est inversé pour les femmes qui magnétisent,

3° enfin, par simple imposition des mains, d'une durée d'environ un quart d'heure, sur un morceau de viande (steak par exemple) ou sur un animal venant de mourir (oiseau, souris...) j'obtiens une momification définitive. »

Dossier n° 3 : la disparition radicale de verrues

— **guérisseur :** Etienne Giordano, magnétiseur
— **patient :** Laurent Mandorla, 8 ans à l'époque
— **le cas :** mon fils aîné avait vu apparaître, un an avant les faits, deux verrues sur la base de son pouce droit. Elles grossissaient régulièrement. Ayant enquêté sur Etienne Giordano lors de la rédaction de mon Guide des guérisseurs, je savais que ce magnétiseur, fils de rebouteux, affirmait faire disparaître les verrues en seulement deux séances (qu'il rembourse s'il n'y a pas de résultat dans les trois mois). Deux séances de magnétisme eurent lieu, l'une en mai, l'autre en juin, séances au cours desquelles Etienne Giordano passait ses doigts près des verrues ou bien soufflait dessus. Deux mois s'écoulèrent sans résultat apparent. Puis, fin août, en quelques jours, les verrues diminuèrent rapidement de taille pour finalement disparaître, laissant deux petites tâches blanches sur la peau bronzée de mon fils. Deux ans après, les verrues n'étaient toujours pas réapparues.

Dossier n° 4 : action sur un polype utérin

— **guérisseur :** Jacqueline Angeletti-Duron
— **patient :** Mme Yvette B.
— **le cas :** la patiente, souffrant d'un polype utérin qui allait nécessiter une intervention chirurgicale, décida d'aller voir la magnétiseuse. Pendant une séance d'une heure, Jacqueline Angeletti excite de façon instinctive différents points d'acupuncture avant d'imposer les mains. Le soir même, Yvette B. perd « une importante masse » (fibrome ?) et ne constate plus, les jours suivants, de saignements alors qu'ils étaient auparavant fréquents.

— **les pièces du dossier**

Les deux échographies effectuées l'une avant, l'autre après, la séance chez la magnétiseuse. Elles font apparaître quatre différences notables : l'utérus, après la séance de magnétisme, a repris une position normale, l'échostructure est devenue homogène, la muqueuse n'est plus hypertrophique et l'ovaire gauche a été mis en évidence.

(Voir les deux lettres du Centre d'échographie du 4/4/1985 et du 15/12/1986).

centre d'échographie de l'odéon
122 boulevard saint-germain – 75006 paris – tél. 633 72 15

docteur étiennette soudères

LE 4 AVRIL 1985
O1 / 26O48 / EM

A l'attention du Docteur KRULIK

ECHOTOMOGRAPHIE PELVIENNE DE MADAME YVETTE B

On observe un utérus dévié à droite, antéversé, antéfléchi, augmenté de volume.
L'ensemble col + corps mesure 10 cm de long, le corps utérin a une épaisseur de 42 mm, une largeur de 50 mm.
Les contours en sont un peu irréguliers, l'échostructure inhomogène.
On observe notamment :
un myome sous-séreux, fundique latéral gauche, de 29 mm de diamètre moyen,
La cavité est parfaitement bien visible. Elle est tapissée d'une muqueuse paraissant hypertrophique dont l'épaisseur dans le fond utérin est de 13 mm.
Au niveau du corps utérin, on observe un petite zone , moins échogène, plus irrégulière de 26 X 14 mm, pouvant tout à fait correspondre à un polype ou à un myome sous-muqueux.
L'ovaire droit est bien vu : il est de volume et d'échostructure normaux.
Il a été tout à fait impossible de mettre l'ovaire gauche en évidence.

Absence de masse pelvienne et d'épanchement liquidien dans le douglas.

CONCLUSION :

Présence d'un myome sous-séreux latéral gauche.
Il existe vraisemblablement un polype utérin.

échographie cardiaque et doppler
docteur l. fermont
docteur c. de blic

échographie gynéco-obstétricale
docteur r. bessis
docteur e. soudères
docteur n. serkine

échographie générale
docteur b. mercier-pageyral
docteur b. sambor

centre d'échographie de l'odéon
122, boulevard saint-germain - 75006 paris - tel.: 46 33 72 15

docteur roger bessis

le 15 décembre 1986

A l'attention du Docteur Fonty.

Echographie Pelvienne de Madame **Yvette B**

Aménorrhée de près de 3 mois.

L'utérus est en position normale.
Le corps utérin est de volume normal (longueur : 72 mm). Il est déformé par un fibrome sous-séreux fundique dont le diamètre moyen est de 24 mm et un fibrome sous-séreux latéral gauche dont le diamètre moyen est de 25 mm. Leur echostructure est dense, peu transsonique, homogène, sans signe echographique de nécrobiose ni de remaniement.
La muqueuse utérine parait normalement épaisse, peut-être un peu œdémateuse.

Les deux ovaires sont bien vus.
L'ovaire droit est de volume normal (longueur 30 mm.) et son echostructure est normale.
L'ovaire gauche est de volume normal (longueur 27 mm.) et son echostructure est normale.

Il n'y a pas de masse pelvienne suspecte.
Il n'y a pas d'ascite ni d'épanchement liquidien dans le cul de sac de Douglas.

Conclusion:

Le corps utérin est déformé par un fibrome sous-séreux fundique dont le diamètre moyen est de 24 mm et un fibrome sous-séreux latéral gauche dont le diamètre moyen est de 25 mm. Le second fibrome est très certainement ancien et a pu échapper au premier examen en raison de sa position fondique.
La muqueuse utérine parait normalement épaisse, peut-être un peu œdémateuse.

échographie cardiaque
docteur l. formont

échographie générale
docteur b. mercier-pageyral
docteur b. sambor

échographie gynéco-obstétricale
docteur r. bessis
docteur e. soudères
docteur n. serkine

Dossier n° 5 : arrêt d'une paralysie évolutive

— **guérisseur :** André Navarre, magnétiseur,
— **patient :** Sophie P., habitant Cerisy (Manche), 14 ans à l'époque des faits.
— **le cas :** Sophie P., en 1981, se mit à marcher de plus en plus difficilement et tombait même souvent. Crampes aux mollets, migraines, douleurs dans la colonne vertébrale la torturaient sans cesse. L'Hôpital Memorial France-États-Unis diagnostiqua une « amyotrophie spinale, liée à une altération des cornes antérieures de la moelle type Kügelberg-Welander » et conseilla un traitement à base de vitamines B associées à de l'Uteplex et à des massages chez un kinésithérapeute.

Aujourd'hui, Sophie marche normalement. Il ne lui reste aucune séquelle alors que les médecins avaient prévu qu'elle serait paralysée dans les trois mois suivant leur diagnostic. En plus du traitement préconisé, ils testèrent sur elle un produit retiré du commerce : le Nefracteur. Sans résultat. Que s'est-il donc passé ? Mme P. obtint par une amie l'adresse d'André Navarre, magnétiseur à Bayeux.

Sophie a suivi deux séances (d'une heure chacune) de magnétisme par semaine pendant trois mois, puis une séance par semaine. André Navarre imposait ses mains sur le ventre et les jambes de Sophie. Un an après, elle était guérie.

— **les pièces principales du dossier**

– le diagnostic de l'Hôpital Memorial France-États-Unis (2/6/1981)

– la lettre des parents, adressée au magnétiseur (6/1/1982).

HOPITAL MÉMORIAL FRANCE - ÉTATS-UNIS
service de médecine interne et d'urgences médicales

☐ Dr C. Guibé

☒ Dr D. Dress

☐ Dr J. Pouppeville

le 2 juin 1981

DR. MINESCAUT

Mon cher confrère,

L'électromyogramme de la jeune Sophie P confirme bien l'atteinte neurogène périphérique diffuse lentement évolutive à prédominance distale.

Je pense qu'il s'agit donc d'une amyotrophie spinale liée à une altération des cornes antérieures de la moëlle type Kügelberg-Welander. Cette affection est lentement évolutive avec quelquefois des à-coups comme cela a dû se produire depuis quelques mois, expliquant l'aggravation des troubles de la marche. Il n'y a malheureusement pas de traitement spécifique, ce qui n'exclut pas toutefois un traitement symptomatique. Je vous propose de lui donner des vitamines B associées à de l'Uteplex. Enfin, une kinésithérapie, régulière, est certainement un élément important afin de lui permettre de compenser au mieux son déficit musculaire.

Bien cordialement à vous.

Dr. D. DRESS.

50010 Saint-Lô Cédex - Tél. 57.15.53

Madame P Josette
Place de la Mairie
50210 Cerisy la Salle

Monsieur André NAVARRE
Magnétiseur
33 Rue Jacques Prévert
14 Bayeux

Cerisy la Salle le 6.11.8

Cher Monsieur,

C'est par cette lettre que je viens vous remercier de tout le bien que vous avez apporter à ma fille Sophie 14 ans atteinte d'une AMYOTROPHIE spinale avec troubles de la Marche ci joint photocopies des certificats médicaux. Quand je suis venue vous voir avec ma fille fin septembre 81, Sophie ne marchait presque plus, tombait souvent, nous étions obligé de lui soulever les jambes pour monter en voiture, elle souffrait de crampes dans les mollet, des migraines de la tête, et dans la colonne vertebrale, elle ne dormait plus et ne mangeait plus. Le médecin et le Kinesi m'avait dit que Sophie ne marcherait plus d'ici quelques temps. Après une dizaine de séances chez vous de magnétisme, les crampes sont disparues, les sommeil et l'apetit sont revenus, et au bout d'un an de traitement suivi,

Sophie remarche bien, ne souffre plus nulle part, elle refait du tennis, de la marche à pied et elle arrive à refaire du vélo et elle suit normalement ses études puisqu'elle est en 3ème à 14 ans, malgré une année 81-82 plutot perturbée par la maladie.
Vraiment je suis très touché de tout le bien que vous avez fait et nous vous adressons Sophie et moi même toute notre sympathie

Amicalement

[illegible]

Nous venons d'étudier cinq cas récents de guérison par magnétisme, preuves à l'appui. Ces cinq magnétiseurs ont réalisé ce que certains ne manqueront pas d'appeler un miracle.

Sans entrer dans ce débat, je crois qu'il faut quand même se poser la question de savoir pourquoi le magnétiseur est différent de chacun de nous et comment il peut assumer et ressentir cette différence.

Le meilleur moyen pour avoir la réponse consiste à rencontrer un magnétiseur, à enquêter sur lui, à le soumettre à un feu croisé de questions et à lui faire subir des tests. C'est ce que j'ai fait avec Jacques Montagner.

A la découverte du meilleur magnétiseur français

Ma rencontre avec Jacques Montagner – Guérisons : des résultats – Tests scientifiques avec le professeur Rocard et avec l'appareil Kirlian.

Jacques Montagner consulte 58 route de l'Empereur 92500 Rueil-Malmaison — Tél. : 01.47.49.04.46 et 66 rue de Provence 75009 Paris. On dit de lui que c'est le meilleur magnétiseur français vivant. Ce n'est pas moi qui l'écris mais l'éminent phytothérapeute Maurice Mésségué.

« *Jacques Montagner, que j'ai guidé dans ses premiers pas, je le considère, et de loin, comme le meilleur magnétiseur de France.* »

Si, il y a vingt ans, on avait dit à Jacques Montagner qu'il allait être magnétiseur, il vous aurait ri au nez. Ce Gersois, à la voix grave et au physique de rugbyman (sport qu'il a d'ailleurs pratiqué en étant jeune), se destinait à exploiter son brevet d'enseignement industriel, en commençant par travailler à la forge que tenait son père, à Condom. Tout au plus, un esprit superstitieux aurait pu noter qu'il était né en 1937, un vendredi 13, à 13 heures. C'est tout.

Pour mieux le connaître, j'ai préféré le rencontrer et lui poser toutes les questions qu'on doit poser à un magnétiseur dont la salle d'attente ne désemplit pas depuis qu'il consulte.

I. *Ma rencontre avec Jacques Montagner*

Il y a, dans la vie, des magnétiseurs professionnels, comme vous. Qu'est-ce qui les différencie du commun des mortels ?

Notre univers est rempli d'ondes vibratoires multiples, dont certaines permettent et entretiennent la vie, la vie humaine, animale et végétale. Je considère qu'il y a trois catégories essentielles d'individus.

La première est composée de personnes qui, à leur insu, captent et emmagasinent plus facilement que d'autres les énergies positives et bénéfiques qui gravitent autour d'elles. Ce sont les magnétiseurs.

La seconde comprend les gens captant bien ces énergies mais n'arrivant pas à les emmagasiner. Ces énergies leur permettent cependant d'être en bonne santé.

La troisième, enfin, représente ceux qui les captent puis les perdent aussitôt et ont presque tendance à emmagasiner les énergies négatives, ce qui explique qu'elles soient très fragiles et souvent malades.

J'ai souvent remarqué que les animaux malades cherchent un contact. C'est une preuve que le magnétisme n'a pas seulement une action psychologique sur le sujet. Car l'animal vit et suit son instinct qui le guide vers celui qui peut lui apporter un soulagement.

ABC du magnétisme

Qu'est-ce que, pour vous, le magnétisme ?

Je pense que le magnétisme est une sorte d'énergie, un fluide vital que tout être vivant, humain, animal, végétal, possède en lui et qui lui est nécessaire pour vivre. C'est son potentiel énergétique. Lorsqu'il y a une mauvaise circulation de ce potentiel énergétique (carence ou excès), les organes mal alimentés en énergie vitale n'assument plus correctement leurs fonctions pour lesquelles ils sont destinés. La bonne harmonie de l'organisme est rompue, il se crée un dysfonctionnement et apparaissent alors des troubles dits fonctionnels. Cette affection fonctionnelle, si elle n'est pas traitée efficacement, peut alors fournir un terrain propice à une grave maladie.

L'un des grands responsables de ce désordre énergétique est assurément la vie moderne, surtout dans les grandes villes (stress, surmenage, mauvaise alimentation, diététique...).

Si l'on considère le corps humain comme une unité totale dans laquelle tous les organes ont une mission précise et possèdent une certaine dépendance entre eux, on comprend alors qu'il faut traiter l'individu dans sa globalité. C'est dans ce cas que le magnétisme a un rôle souverain à jouer parce qu'en saturant de magnétisme la totalité du corps du patient, on lui fournit une énergie nouvelle absorbée par son organisme et distribuée en fonction de ses besoins sur un ou plusieurs organes.

C'est surtout dans ces cas de troubles fonctionnels que le magnétisme offre de merveilleux résultats car il agit directement sur la cause du mal, même si le magnétiseur ne connaît pas vraiment cette cause. Mais si un organe malade est atteint d'une lésion grave et irréversible, il ne peut pas absorber cette énergie nouvelle qu'on lui donne : l'harmonie reste alors rompue, la maladie persiste et s'installe. Le magnétisme dans ce cas n'est hélas d'aucune utilité.

Pour moi, le magnétisme possède trois vertus essentielles :

— il revitalise l'organisme,
— il équilibre le système nerveux,
— il calme la douleur.

Cette explication du magnétisme est la seule que je puisse fournir après une dizaine d'années d'expérience dans ce domaine. Quoi qu'il en soit, je suis toujours disposé à me prêter à toutes sortes d'expérimentations, comme vous avez pu le constater avec les tests que nous avons effectués ensemble en compagnie du professeur Rocard ou avec les mesures d'effet Kirlian, auxquelles vous m'avez soumis.

Que pensez-vous du terme « guérisseur » appliqué à un magnétiseur ?

C'est un terme qui ne me plaît pas mais il faut bien l'accepter car il a été utilisé de tous temps. En réalité, personne au monde n'a le pouvoir de tout guérir. Si ce terme est appliqué à un magnétiseur, il peut également être appliqué à un médecin, un chirurgien, un dentiste, un rebouteux, un ostéopathe, un acupuncteur... car eux aussi soulagent et guérissent. Étant croyant, je pense que seul Dieu peut prétendre au titre de guérisseur car lui seul peut tout guérir.

Dans quelles circonstances vous êtes-vous rendu compte, pour la première fois, de votre don de magnétiseur ?

Mon fils était très malade. Parallèlement aux thérapies officielles, nous le faisions traiter par magnétisme. Un jour, le magnétiseur me dit : « Vous pouvez soigner votre fils aussi bien que moi, car vous avez beaucoup de magnétisme ! » Je ne l'ai pas cru. Quelque temps après, je rencontre Maurice Mésségué et nous nous lions d'amitié.

Lui aussi me dit la même chose : « Vous avez un magnétisme exceptionnel ! Votre devoir est d'en faire profiter les autres. » A ce moment-là, j'ai commencé à y croire vraiment et je me suis mis alors à pratiquer sur ma famille, sur des amis, et cela marchait très bien. Je recommandais à tous mes « patients » la discrétion, car je ne voulais pas que cela se sache tant que je n'étais pas vraiment sûr de mes possibilités. Nous étions en 1976 et j'avais trente-neuf ans.

Ça se passait dans le Gers, au cœur de la Gascogne, pays de l'Armagnac et du bien-vivre, patrie de d'Artagnan et de Maurice Mésségué, sans qui ce département ne serait pas aussi connu qu'il l'est.

Pendant près de trois ans, j'ai fait des essais sur toutes les affections qui se présentaient et que le magnétisme était censé guérir. Puis, en 1978, devant le nombre croissant de malades qui venaient me voir (et que je soignais gratuitement), je me rendis compte que je n'arrivais plus à mener de front mon affaire que j'avais créée en 1963 et mon activité de « magnétiseur non professionnel ». Je décidais donc d'arrêter mon métier pour me consacrer uniquement au soulagement des autres. Car étant passé par la douloureuse épreuve d'avoir un enfant gravement malade, j'étais bien placé pour connaître les affres de la peur et l'angoisse des lendemains que l'on peut éprouver dans de pareilles situations. J'ai alors jugé que mon devoir était de faire bénéficier les autres du pouvoir de guérir qui m'avait été donné.

Comment expliquez-vous que vous « ayez du magnétisme » ?

Je me l'explique difficilement d'autant plus que je n'ai jamais eu connaissance d'un tel pouvoir chez mes ascendants, à moins que l'un d'entre eux ne l'ait possédé sans le savoir, au même titre que moi-même, qui aurais pu l'ignorer toute ma vie.

Je pense cependant que j'étais prédestiné à faire ce métier. Car bien avant que je ne connaisse mon pouvoir, j'ai toujours pensé aux autres plus qu'à moi-même. J'ai toujours aimé aider autrui, rendre service.

Je suis incapable de dire non lorsqu'on me demande quelque chose, qui soit bien sûr dans les limites de mes possibilités.

Quand on possède ce don, que l'on aime profondément son prochain, que l'on est loyal, honnête et sérieux, je pense que l'on peut faire un bon magnétiseur, ceci toute modestie mise à part.

Donc, doté de ces qualités, d'une excellente santé, d'une énergie au-dessus de la moyenne, je suis persuadé que tout était réuni pour que je devienne magnétiseur professionnel.

Souvent je me dis : « Pourquoi, moi, je possède ce pouvoir ? » Étant croyant, je pense que Dieu en a décidé ainsi, que c'est lui qui nous dirige et nous guide, chacun vers sa destinée précise.

Certains sont doués pour la musique, pour la peinture, pour la médecine, pour l'écriture... pourquoi d'autres ne le seraient-ils pas pour le magnétisme curatif ? C'est le grand mystère de l'humanité.

Est-ce une mission que Dieu nous confie ? Est-ce une récompense qu'il nous attribue ? Sincèrement, je l'ignore. Une chose est certaine. Je fais ce métier avec amour et passion et, plus les années passent, plus je suis persuadé que je suis né pour ça. Le plus important c'est de pouvoir aider, soulager, guérir son prochain. Réaliser les espoirs que mettent en moi mes patients, en soulageant leurs maux, me remplit de joie. Autant je suis heureux quand j'ai réussi, autant je suis malheureux quand j'échoue. Ainsi, je suis bien dans ma peau, en paix avec moi-même, parce que conscient que tous les jours que Dieu fait, j'ai apporté quelque chose de positif à mon prochain.

Quelles techniques utilisez-vous lorsqu'un patient vient se faire soigner chez vous ?

Je magnétise avec mes mains, soit en contact direct avec mon patient, soit à une dizaine de centimètres de son corps. Généralement, je lui demande de s'allonger sur la table de travail et je commence ma séance en plaçant mes mains sous son occiput, puis sur le front et les tempes pour essayer d'agir au maximum sur l'hypophyse. Je continue par des passes lentes de la tête aux pieds en insistant sur les organes les plus malades. Une fois le patient debout, je lui « dégage » la tête par des passes rapides, puis à l'aide de passes lentes, je lui magnétise le dos et surtout le rachis vertébral pour terminer aux pieds.

La durée d'une séance est variable, suivant le cas à traiter et selon le sujet. En général, une séance dure environ quinze minutes, mais il m'arrive souvent de pratiquer des séances plus longues, si je sens que cela est vraiment nécessaire et que la séance en cours peut être déterminante pour « débloquer » mon patient. Je dois avouer qu'à mes débuts, j'avais tendance à pratiquer des séances trop longues qui provoquaient chez mes malades des réactions violentes et pénibles à supporter. En réalité, c'est surtout lorsque l'on a le patient « dans ses mains » qu'on arrive à sentir le moment où la séance doit se terminer.

De quel conditionnement avez-vous besoin pour pouvoir préparer votre séance ?

J'ai la chance d'avoir un pouvoir de récupération très rapide, ce qui fait que je n'ai pas besoin de me reposer, ni de me concentrer avant une séance. Quand je commence ma journée de travail, physiquement et mentalement, je suis prêt et conditionné pour l'accomplir jusqu'au bout, avec seulement dix minutes de repos de temps à autre (toutes les deux heures environ).

En revanche, les jours de repos, je trouve qu'il m'est plus difficile de magnétiser (quand une urgence se présente) parce que ces jours-là je « déconnecte » presque totalement. C'est une des raisons pour lesquelles je consulte sur rendez-vous car les jours de consultation je suis entièrement à mon travail, fin prêt pour affronter la journée et les cas les plus difficiles.

Avez-vous une philosophie d'approche du magnétisme ?

D'abord je laisse parler mon patient, afin qu'il m'explique ses problèmes. Je le laisse parler tant qu'il en a envie, car ainsi il se libère mieux. Puis je lui demande s'il a consulté un médecin, quel est le diagnostic formulé, et s'il a bien suivi le traitement qui lui a été prescrit, traitement que je lui conseille de poursuivre. Je le conditionne ensuite au maximum, si je le sens sceptique, afin qu'il se prenne lui-même un peu plus en charge, en lui citant des réussites de cas semblables au sien. J'en profite aussi pour le mettre en garde contre les réactions éventuelles qui peuvent se manifester dans les quarante-huit heures suivant la séance.

L'analyse de ces éventuelles réactions est souvent significative et me permet de mieux cerner les causes de l'affection dont le patient est atteint, ainsi que de la suite à donner au traitement. Cette analyse m'a souvent permis d'infirmer un diagnostic médical et d'alerter le médecin traitant afin de lui faire part de mes observations, dont il me confirme par la suite le bien-fondé.

De même, je lui précise bien que les guérisons obtenues en une seule séance, si elles se produisent souvent, ne sont pas une généralité. Enfin, quand il n'y a pas eu de diagnostic médical et que je sens que c'est nécessaire, je conseille au patient de consulter son médecin pour en faire établir un.

Y a-t-il des moments plus ou moins favorables pour pratiquer le magnétisme sur un patient ?

Le magnétiseur doit éviter de magnétiser s'il sent qu'il est trop fatigué et s'il n'a pas cet excès d'énergie qui représente le vrai potentiel magnétique. Le patient doit être reçu aux jours et heures qu'il préfère. Et on ne doit pas le faire attendre. Ainsi il est mieux conditionné donc plus réceptif. Alors que s'il est bousculé par son travail et qu'il fait du « contre la montre » pour venir consulter, qu'il attend trop longtemps, il s'énerve et perd ainsi, en partie, le bénéfice de la séance. Chaque patient a sa propre réceptivité, sa propre sensibilité. Savez-vous que j'ai remarqué, chez certains patients, une réceptivité qui varie selon les phases lunaires ?

Quels sont les cas dans lesquels votre intervention n'est pas utile ?

Quand un diagnostic médical précis n'a pas été établi parce que tous les examens nécessaires n'ont pas encore été effectués. Je m'abstiens alors d'intervenir car le magnétisme, en calmant la douleur, peut modifier les symptômes de la maladie et, de ce fait, laisser établir un faux diagnostic médical ou tout simplement faire croire au patient qu'il est guéri, alors qu'une grave maladie s'installe en lui.

Je n'interviens pas non plus quand j'estime que l'affection dont souffre le patient n'entre pas dans mes compétences. D'ailleurs c'est là que réside le problème le plus délicat pour un magnétiseur sérieux : refuser de traiter un patient quand c'est inutile et savoir le lui dire avec assez de tact pour ne pas lui faire croire qu'il est incurable et que tout est perdu pour lui. C'est pénible de dire non à quelqu'un.

Il ne faut pas en effet oublier que 90 % des patients qui viennent nous consulter ont tenté toutes les thérapies officielles sans succès. Nous devenons pour eux

« l'homme du miracle ». D'ailleurs une bonne moitié d'entre eux me disent en arrivant : « Je viens vous voir car vous êtes mon dernier recours ! » Face à un tel état d'esprit, il ne faut pas donner de faux espoirs mais plutôt user de beaucoup de tact, de diplomatie, de psychologie pour aider, malgré tout, cette personne malade sans abuser de la situation.

Associez-vous d'autres techniques au magnétisme ?

Oui. La phytothérapie. Maurice Mességué m'a initié à cette technique et ses conseils m'ont été très bénéfiques. Je lui dois, et je lui voue, une grande reconnaissance.

Sur beaucoup d'affections, la phytothérapie associée au magnétisme permet d'obtenir des résultats beaucoup plus rapides surtout sur des affections dues à des carences d'assimilation et d'élimination. Le magnétisme arrive à « débloquer » les organes malades et les plantes sont souveraines pour drainer l'organisme.

Il est d'ailleurs utile de préciser qu'il est absolument impératif d'acheter des plantes ou des gélules de plantes dont la qualité soit irréprochable. Tout consommateur est en droit d'exiger des plantes garanties saines. C'est-à-dire des plantes comportant le label LMR (limites maximales de résidus). Presque tous les pays de la Communauté Economique Européenne ont adopté ce label qui élimine systématiquement les plantes impropres à la consommation. Pour l'instant, en France, rien n'a encore été fait à ce sujet et notre marché est inondé de plantes qui ont été refusées par nos voisins européens. Cette précaution est même devenue impérative depuis que certains pays producteurs de plantes ont été survolés par le sinistre nuage de Tchernobyl !

Il y a plus de trente ans déjà que Maurice Mességué prône la consommation de plantes saines, dénonce les risques de pollution à venir et commercialise ses plantes exemptes de résidus de produits phytosanitaires, après avoir effectué, à ce jour, plus de dix mille analyses en laboratoire.

A l'époque on le prenait pour un « illuminé ». Maintenant, beaucoup de gens se sont emparés de ses découvertes et à la limite revendiquent le monopole de fournir des plantes saines.

Pratiquez-vous le magnétisme à distance ?

Non ! Je me refuse à le faire. Car pour moi rien ne vaut le contact direct avec le patient. Avoir son patient face à soi, près de soi, est beaucoup plus enrichissant et motivant que l'anonymat d'une photo ou d'une mèche de cheveux. Le magnétisme à distance est beaucoup plus pénible à pratiquer que le magnétisme en direct sur le patient. Certains préfèrent quand même cette méthode pour laquelle ils s'estiment peut-être plus forts et plus doués que moi.

Quand le patient vient me consulter, je le soigne avec tout mon amour et toutes mes forces. Je réussis ou j'échoue, mais je sais que j'aurai fait le maximum pour le guérir. Avec les soins à distance, ce n'est pas toujours évident mais surtout c'est incontrôlable. J'en veux pour preuve toutes les doléances que je reçois à ce sujet. Combien de personnes m'avouent avoir demandé des traitements à distance ! Elles n'ont jamais vu le magnétiseur mais seulement échangé du courrier avec lui. Pendant des mois, elles ont attendu en vain un soulagement ou une guérison mais rien ne s'est produit, sauf de temps à autre une relance du magnétiseur demandant un supplément d'honoraires pour « consolider son travail ». Une chose est certaine, c'est une méthode profitable pour les magnétiseurs malhonnêtes et qui jette le discrédit sur notre profession.

Proposez-vous à vos consultants des produits magnétisés ?

Non ! Car j'estime que si l'on travaille sérieusement sur le patient qui vient vous voir, le magnétisme curatif est suffisant. Le patient peut attendre la séance suivante.

Lui proposer un produit magnétisé, c'est lui rendre un mauvais service car, se sentant assisté en permanence, le patient ne fait pas l'effort nécessaire pour se prendre en charge lui-même.

Je déplore qu'actuellement on ne puisse ouvrir certains journaux ou revues sans voir des publicités vantant les mérites de toutes sortes de gadgets possédant un soi-disant magnétisme naturel et exceptionnel. Cela fait partie des tentatives actuelles cherchant à imiter le magnétisme curatif humain ou animal (auquel il faudra bien un jour trouver un nom spécifique) à l'aide d'appareils plus ou moins sophistiqués. Malgré les progrès de la technique, rien ne pourra remplacer une chose aussi naturelle, aussi pleine de subtilité, d'instinct et de souplesse que le magnétisme humain. C'est la loi de l'univers.

Ce qui me rend le plus triste dans cette affaire de produits magnétisés, c'est de voir certains confrères proposer sans gêne à leurs patients des gadgets ou des appareils dotés d'un soi-disant magnétisme exceptionnel. Comment voulez-vous qu'avec de tels procédés, nous puissions prétendre un jour à une reconnaissance officielle ?

Quelle est la guérison la plus spectaculaire et la plus troublante qu'il vous ait été donné d'accomplir ?

Il s'agit de celle du petit Michel N., habitant Rombas en Moselle. Il avait 14 ans à l'époque des faits. Ses parents, que je ne connaissais pas, m'avaient contacté par téléphone.

Au cours de notre conversation, ils me décrivent l'état dans lequel se trouve leur fils : anorexique depuis plus de cinq mois, ne se nourrissant que d'un demi-litre de jus d'orange par jour, sujet à des vertiges fréquents qui le paralysaient totalement, ne s'exprimant que quatre à cinq secondes par minute, paralysé du bras droit, incapable de marcher plus de quatre à cinq pas de suite. Les parents ne souhaitant pas transporter leur fils, j'ai accepté qu'ils viennent me chercher un samedi soir, à condition d'être de retour à Rueil le lendemain à dix heures. J'ai traité le jeune Michel une première fois vers minuit et ce pendant une heure et une deuxième fois le matin à six heures. Sur le chemin du retour, les parents me harcelaient en me demandant si j'allais guérir leur enfant. Je leur répondis que j'avais fait le maximum et qu'il fallait attentre quatre à cinq jours pour avoir, soit un résultat, soit une amorce de résultat. Si rien ne se passait, je proposais d'intervenir une deuxième et dernière fois deux semaines plus tard.

Le jeudi matin (donc quatre jours plus tard) vers neuf heures, le téléphone sonnait et, à ma stupéfaction, c'est Michel N. lui-même qui me parlait et m'annonçait sa guérison.

Effectivement, un quart d'heure auparavant, il s'était entièrement « débloqué », d'un seul coup, en disant : « J'ai l'impression que quelque chose est parti de moi. »

Alors j'ai pleuré de bonheur tout en remerciant le Seigneur de m'avoir donné cette joie et surtout de guérir Michel.

Deux semaines plus tard je revenais à Rombas, non plus pour soigner Michel, mais invité par la famille pour pouvoir me rendre compte « de visu » que Michel était bel et bien guéri. J'étais heureux ! C'est là que j'ai vraiment réalisé que je faisais le plus beau métier du monde.

Les médecines parallèles se développent de plus en plus à côté de la médecine traditionnelle. Que pensez-vous de ce phénomène ?

J'ai une profonde admiration et un grand respect pour tous ceux qui appartiennent au corps médical, et sincèrement je regrette qu'il n'existe pas une collaboration plus étroite entre eux et nous.

Eux possèdent, grâce à leur intelligence et à leur travail, un immense savoir. Ils dispensent ainsi à leurs malades tous les bienfaits que la Science découvre tous les jours.

Nous, nous possédons un don (ou un pouvoir), naturel ou « surnaturel ». Une chose est certaine : lorsque nous le dispensons à nos patients, nous les soulageons ou les guérissons.

Alors qu'importent les différentes croyances et les différentes idéologies de chacun, puisque nous œuvrons tous avec la même foi et le même amour vers un seul but : soulager les maux d'autrui !

Car, il ne faut pas oublier que, depuis toujours, des hommes ont soulagé et guéri leurs semblables par la seule imposition des mains. La médecine a fait des progrès énormes et spectaculaires pour le plus grand bien de l'humanité. Mais malgré ces progrès, il reste encore de la place pour les « empiriques » que nous sommes.

Donc, je suis certain que médecine officielle et médecine parallèle sont absolument complémentaires l'une par rapport à l'autre, et que ce serait une erreur de vouloir les dissocier et les mettre en concurrence. Beaucoup d'affections dites fonctionnelles se traitent très bien et très rapidement par magnétisme, tout en préservant la bonne harmonie de l'organisme du patient ainsi traité. Alors que ces mêmes affections, traitées par les thérapies classiques et officielles, sont beaucoup plus rebelles. Surtout, le traitement appliqué, trop agressif pour l'organisme du sujet, provoque des effets secondaires qui engendrent de nouveaux troubles. Pour mieux illustrer mes propos, je citerai simplement trois exemples, que je considère les plus courants et les plus probants.

1) **Un zona** traité par magnétisme dès son apparition, guérit souvent en une séance, trois au maximum.

Je vois trop souvent des personnes qui viennent me consulter, atteintes d'un zona depuis fort longtemps (le record : sept ans de souffrances). Pourtant elles ont subi tous les traitements possibles et imaginables, y compris des irradiations aux rayons, qui ont pour effet de tuer les cellules et donc de les rendre réfractaires au magnétisme.

2) **Un lumbago ou une sciatique** sans cause mécanique, ou lésion osseuse à l'origine, traités par magnétisme, se guérissent souvent en deux ou trois séances.

Là aussi, j'ai traité des personnes qui se trouvaient ainsi « bloquées » depuis deux ou trois mois, malgré tous les anti-inflammatoires, calmants, infiltrations qu'on leur avait administrés (sans résultat) alors que je les ai guéris en cinq ou six jours.

3) **Les migraines** souvent accompagnées de vertiges, se guérissent rapidement par magnétisme. Je viens de guérir une dame qui depuis quarante-neuf ans souffrait de terribles maux de tête. Elle a tout tenté, rien ne la soulageait. En trois séances, ses maux de tête ont disparu.

Mes propositions

Si une collaboration entre le corps médical et les magnétiseurs existait, on peut imaginer la somme de souffrances qui serait épargnée à l'humanité. Tout comme on peut imaginer l'économie qui serait réalisée compte tenu du coût de certaines thérapies et du nombre de journées de travail perdues par ceux qui ignorent, volontairement ou involontairement, les possibilités du magnétisme.

Il ne faut pas oublier de mentionner que le magnétisme, appliqué conjointement à un traitement médical, aide le patient à réagir plus vite au traitement et à guérir plus rapidement.

Ainsi, bien souvent, les médecins traitants sont surpris de voir leur patient rétabli aussi rapidement alors que leur expérience en la matière ne prévoyait pas un résultat aussi prompt.

Certains, quand le patient leur avoue s'être fait traiter parallèlement par magnétisme, sont obligés de reconnaître et d'admettre l'efficacité de ce dernier.

Donc, si le corps médical et les législateurs voulaient bien se pencher sur ce problème, il existe une solution qui peut satisfaire tout le monde :

1) Il faudrait faire l'inventaire des bons magnétiseurs, tester leurs possibilités et les classer en fonction de ces possibilités et surtout de leurs résultats.

2) Les médecins, après avoir établi le diagnostic médical du patient, qui n'auraient pas dans leur arsenal la thérapie lui convenant, adresseraient ce patient au magnétiseur de leur choix, avec les recommandations qu'ils jugeraient nécessaires de faire, suivraient l'évolution de la santé du malade et constateraient s'il y a guérison ou non. Certains médecins le font déjà. Ainsi le corps médical pourrait contrôler toutes les thérapies et comparer leur efficacité respective tout en donnant à ceux qui en ont le pouvoir l'occasion de soulager les malades au grand jour. Les magnétiseurs ne risqueraient plus d'être poursuivis pour exercice illégal de la médecine.

Pour conclure, je dirai que dans la polémique constante qui oppose le corps médical aux médecines parallèles, je trouve que l'on ne demande pas suffisamment aux malades ce qu'ils pensent du magnétisme. Car, après tout, ce sont eux qui choisissent la thérapie qu'ils jugent la plus efficace pour eux-mêmes.

Et lorsqu'ils sont déçus ou abusés par un magnétiseur, ils ne manquent pas de le dire. Si la solution que je préconise voyait le jour, les patients dénonceraient les mauvais magnétiseurs à leur médecin. C'est certainement la meilleure solution pour éliminer les brebis galeuses qui existent dans la profession.

Jacques MONTAGNER.

II. ***Guérisons : des résultats***

Ce tableau liste les principales affections fonctionnelles sur lesquelles Jacques Montagner obtient des effets incontestables, car réalisés de nombreuses fois depuis qu'il officie. Voilà pourquoi ont été exclues les affections guéries à une seule reprise : les citer risquerait de donner de faux espoirs à ceux qui sont atteints des mêmes maladies. Ces chiffres sont fournis par Jacques Montagner lui-même.

Maladie et taux de guérison (%)	
Acné	50
Aérophagie	60
Allergies	60
Angoisses-anxiété	60
Anorexie	75
Asthme	75
Brûlures au 1er degré	90
Colites-spasmes intestinaux	80
Constipation	75
Courbatures *	80
Démangeaisons ou Prurit	50
Dépression nerveuse (Non mentale)	60
Digestion difficile	85
Douleurs arthrosiques ou rhumatismales	60
Eczéma	90
Fatigue (surmenage)	85
Gastrites	50
Hémorroïdes	50
Herpès	50
Hypertension	60
Insomnies	90
Insuffisance hépatique	40
Jambes lourdes	60
Lumbagos *	95
Migraines	90
Nervosité	80
Rhinites-trachéites	50
Sciatiques *	90
Sinusites	50
Spasmophilie	50
Tendinites	30

Troubles menstruels	50
Ulcères duodénaux	80
Urticaire	50
Verrues	90
Vertiges	60
Zonas	95

* sans cause mécanique ni lésion osseuse.

Cette liste n'est pas exhaustive mais comporte les affections les plus couramment rencontrées par Jacques Montagner. Ce dernier reconnaît lui-même qu'il est très difficile de tenir des statistiques exactes car la grande majorité des patients guéris préfère souvent ne pas faire état des résultats obtenus.

III. *Tests scientifiques avec le professeur Rocard et avec l'appareil Kirlian*

Pouvoir ? Don ? Fluide ? Énergie vitale ? Magnétisme « animal » ? Magnétisme humain ?

Que possèdent les mains d'un magnétiseur que celles du Français moyen ne possèdent pas ?

Pour essayer d'approcher la réponse, j'ai proposé à Jacques Montagner de se soumettre à différents tests. Il a accepté de bonne grâce et je l'en remercie. Ces tests sont de deux ordres :

— le premier a été effectué avec le professeur Rocard, le jeudi 18 décembre 1986, en dehors de Paris. L'objectif était de déterminer, à l'aide d'un magnétomètre à protons, la valeur du champ magnétique de la magnétite contenue dans les mains de Jacques Montagner ;

— le second a consisté à photographier, le jeudi 22 janvier 1987, l'effet Kirlian des mains de Jacques Montagner, avant et après une séance de magnétisation d'un sujet.

Test n° 1 : magnétisme et magnétomètre à protons.

Cette expérience a été réalisée le jeudi 18 décembre 1986, près de Soisy-sur-École, à 16 kms de Corbeil (Essonne), sur des rochers de grès (loin de Paris afin de se protéger de toute pollution magnétique). Le test consistait à mesurer l'éventuelle modification du champ magnétique terrestre lorsque Jacques Montagner plaçait ses mains soit à la verticale (doigts pointés vers le sol), soit à l'horizontale (doigts parallèles au sol). Dans chaque cas, les pouces étaient ouverts et l'on a demandé à Jacques Montagner de serrer les mains sur la sonde puis de les écarter.

Le magnétomètre à protons était de marque UNIMAG II et enregistrait, en début d'expérience, un champ magnéti-

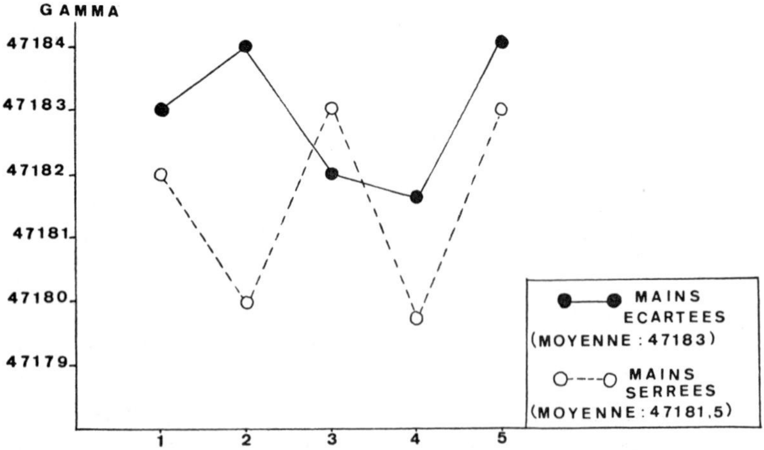

que terrestre, à cinquante centimètres du sol, à quatorze heures, de 0,47130 gauss (soit 47130 gamma). Les mesures, réalisées par le professeur Rocard, et notées par l'auteur, étaient effectuées par série de trois, une toutes les six secondes, pour pouvoir éliminer des effets secondaires (seule cette moyenne trois par trois sera utilisée ensuite).

Exemple : mains horizontales.

Trois mesures mains écartées ; puis trois mesures mains collées à la sonde ; puis trois mesures mains écartées ; puis trois mesures mains collées à la sonde et ainsi de suite.

Voici la courbe (voir page de gauche) des mesures du champ, mains horizontales écartées puis collées sur la sonde du magnétomètre. (En gamma, c'est-à-dire en dix-millième de gauss).

On constate que le champ diminue quand les mains du magnétiseur sont collées à la sonde du magnétomètre, ce qui signifie, pour le professeur Rocard, que le pôle Sud est situé vers l'index et le pôle Nord vers l'auriculaire.

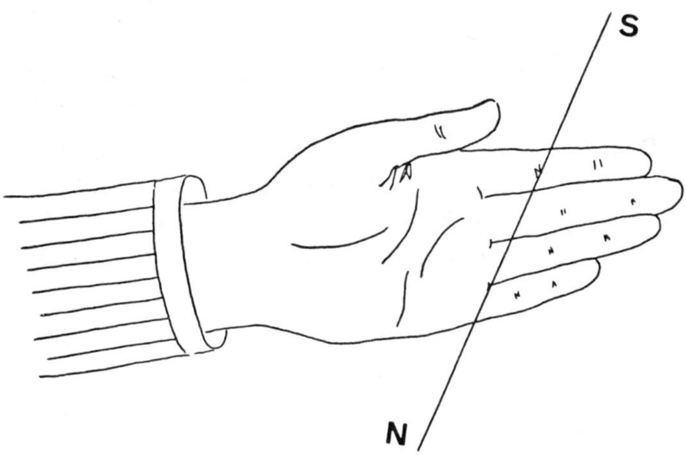

Les conclusions du professeur Rocard sont essentiellement de trois ordres :

1) « Ce cas me déconcerte car il ne correspond pas à d'autres que j'ai déjà pu étudier. »

2) « Il y a bien de la magnétite dans les doigts de Jacques Montagner car lorsqu'il colle ses mains à l'horizontale sur la sonde, il fait baisser le champ magnétique terrestre de 1,5 gamma, valeur qui m'apparaît significative. »

3) « Lorsque ses mains sont verticales, la variation du champ est plus faible : un tiers de gamma seulement. »

Test n° 2 : magnétisme et effet Kirlian.

A l'image des travaux de Thelma Moss aux États-Unis, j'ai tenu à « tester » Jacques Montagner sur une machine Kirlian. L'expérimentation s'est faite sous le contrôle de M. Guy Gruais, directeur de Madesign-Photo, le jeudi 22 janvier 1987.

J'ai fait réaliser quatre clichés séparés :

1) photo Kirlian des mains de Jacques Montagner seul, pour mesurer son énergie au début de l'expérience,

2) photo Kirlian des mains d'un sujet (Agnès F. M.) qui ignorait tout de l'expérience en arrivant chez Madesign-Photo (afin d'éviter un quelconque effet de suggestion),

3) photo Kirlian des mains de Jacques Montagner, *après* une séance de magnétisme sur le sujet Agnès F. M.,

4) photo Kirlian des mains d'Agnès F. M. *après* cette séance.

L'appareil choisi fut le Biolight 218, utilisé par Guy Gruais, avec réglages moyens et temps de pose de deux secondes. Le papier photographique était un papier plastique, référence RC.

Voici le déroulement de l'expérience :

14 h 19 : première photo Kirlian des mains d'Agnès F. M. seule,

14 h 21 : première photo Kirlian des mains de Jacques Montagner seul,

14 h 24/14 h 43 : séance de magnétisme de Jacques Montagner sur Agnès F. M. (durée 19 minutes). Technique : celle pratiquée habituellement par le magnétiseur,

14 h 44 : deuxième photo Kirlian d'Agnès F. M. seule,

14 h 45 : deuxième photo Kirlian de Jacques Montagner seul (à noter : ses mains sont alors plus chaudes que lors de la première photo),

14 h 46/15 H 00 : développement des quatre clichés pris par Guy Gruais.

Analyse des résultats

Deux grandes conclusions apparaissent immédiatement à la lecture des photos :

1) L'énergie du sujet Agnès F. M. s'est très fortement accrue après la séance de magnétisme, comme si elle avait été « rechargée » par Jacques Montagner.

Guy Gruais analyse les différences entre les deux clichés comme traduisant une redistribution de courant dans les méridiens, une régulation des échanges respiratoires, une accélération de la circulation sanguine et même une amélioration du tonus cardiaque du sujet. (voir photos au dos)

2) L'image Kirlian des mains de Jacques Montagner n'a pratiquement pas bougé après la séance (on constate seulement une très légère baisse d'énergie), ce qui tendrait à prouver que le magnétiseur est plutôt de la catégorie « canal transmetteur d'énergie » plutôt que de celle de « condensateur » qui se charge et se décharge. (Il faut remarquer que la faible trace des mains de Jacques Montagner sur les clichés provient vraisemblablement de la

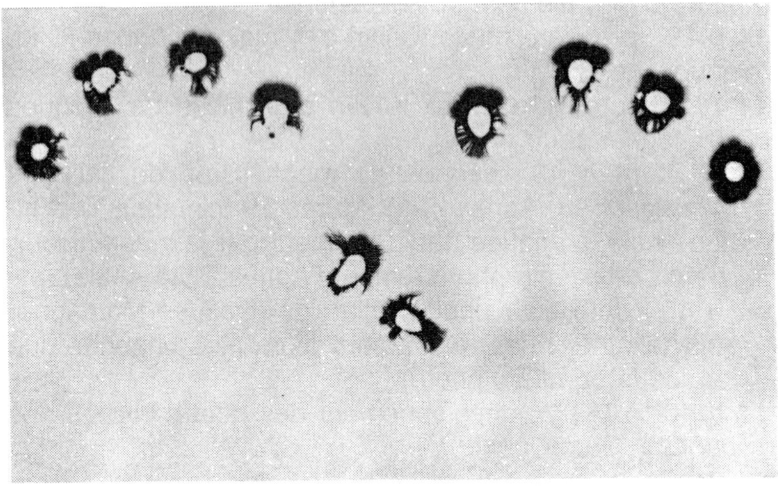

Photo Kirlian du sujet Agnès F. M.
avant *la séance de magnétisme.*

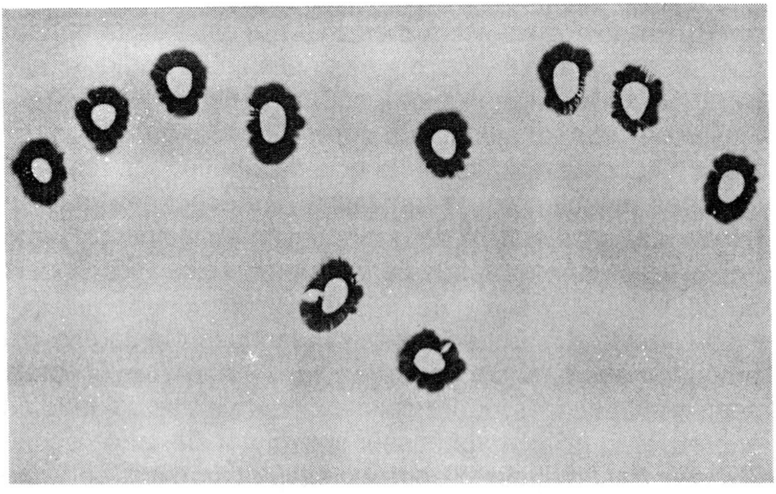

Photo Kirlian du sujet Agnès F. M.
après *la séance de magnétisme.*

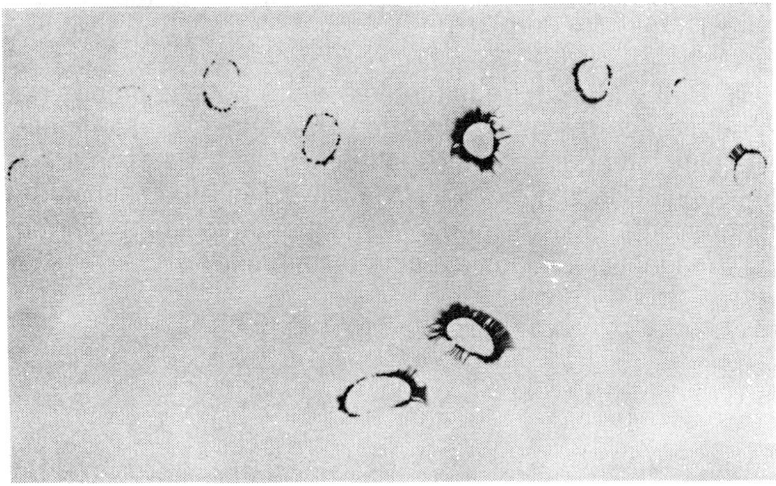

Photo Kirlian du magnétiseur
avant *la séance de magnétisme.*

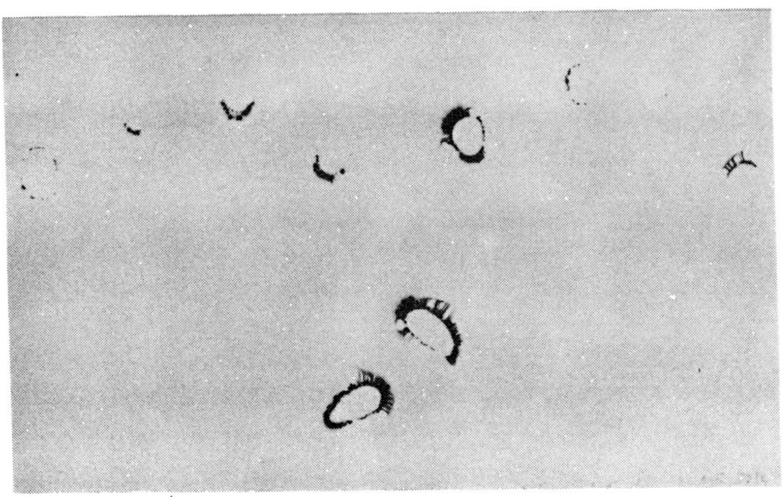

Photo Kirlian du magnétiseur
après *la séance de magnétisme.*

nuit blanche, passée à réparer une importante fuite d'eau chez lui la veille du test !)

N. B. Il y a un autre fait intéressant à noter à propos de l'énergie des mains de Jacques Montagner. C'est l'intensité plus forte qui apparaît à la main droite (cela est net sur le pouce et l'index), que ce soit avant ou après la séance de magnétisme. Or, Jacques Montagner a toujours affirmé qu'il magnétisait mieux avec sa main droite !

Magnétisme et radiesthésie *

Définition – Remettons les pendules à l'heure – Apprenez à manier le pendule – La recherche des maladies au moyen du pendule – Radiesthésistes et médecins : l'impossible dialogue – Rencontre avec d'étonnants magnétiseurs-radiesthésistes

Rapprocher les deux concepts de magnétisme et de radiesthésie peut paraître, de prime abord, surprenant. Pourtant, depuis une cinquantaine d'années, les guérisseurs utilisent le pendule pour diagnostiquer les troubles dont souffre le patient et pratiquent ensuite des séances de magnétisme pour soulager le malade de ses maux. Certains guérisseurs recherchent même au pendule, à la fin de la séance, quels produits donner au patient afin de lui assurer la meilleure guérison possible.

* Pour en savoir plus, lire l'*ABC de la radiesthésie* de Jean-Louis Crozier et Jacques Mandorla (Jacques Grancher Éditeur)

I. *Définition*

Contrairement à ce qu'on pourrait croire, le mot « radiesthésie » est apparu très récemment dans la langue française.

Il date, en effet de 1930 et provient des mots « radiation » et « esthésie » (qui signifie : aptitude à percevoir des sensations).

La radiesthésie est donc, étymologiquement, selon le Robert, une réceptivité particulière à des radiations qu'émettent différents corps mais aussi le « procédé de détection fondé sur cette sensibilité ».

Si le mot est récent, le concept, lui, est ancien. Il a été véhiculé par les sourciers, ces pittoresques personnages qui arpentaient nos campagnes, une baguette de coudrier à la main, à la recherche d'eau pour les habitations. Mais saviez-vous que l'art du sourcier est un art plusieurs fois millénaire ?

II. *Remettons les pendules à l'heure*

Au cours de mon enquête parmi les magnétiseurs, j'ai pu constater un fait majeur : la majorité d'entre eux sont radiesthésistes, c'est-à-dire qu'ils utilisent un pendule pour diagnostiquer les maladies, avant de travailler par imposition des mains. Cependant, aucun ne veut reconnaître officiellement que l'utilisation du pendule sert à faire un diagnostic : en effet, ce serait admettre explicitement l'exercice illégal de la médecine tel qu'il est défini dans l'article L. 372 du Code de la Santé (voir en fin d'ouvrage le chapitre « Magnétiseurs et radiesthésistes face à la loi »).

Ce pendule, outil de nombreux guérisseurs mais aussi de voyants, médecins et parapsychologues, semble remonter à l'aube de l'humanité. En réalité, le pendule est une invention relativement récente : c'est Huyghens, mathématicien et astrologue hollandais (1629-1695) qui, le premier, lui donna ses lettres de noblesse en déterminant exactement l'intensité de la pesanteur à l'aide d'une masse « suspendue à un câble ». Mais la baguette de sourcier peut être considérée comme le véritable ancêtre du pendule. La légende veut d'ailleurs que Moïse fasse jaillir, d'un coup de baguette (magique ?) l'eau du rocher d'Horeb. Au Moyen Âge, les termes de sourciers et de sorciers étaient souvent confondus ce qui eut pour résultat d'entourer les véritables sourciers — détecteurs de sources — d'un halo de mystère !

En 1420, en Bohême, on recherchait déjà des gisements de minerai de fer à l'aide d'une baguette. Mais il faudra cependant attendre l'an 1579 pour voir apparaître un mot scientifique désigner l'emploi de cette baguette : la rhabdomancie, qui, nous apprend le Grand Robert, vient de « rhabdos » : baguette et « mancie » : deviner, et signifie donc « l'art de déceler au moyen d'une baguette divinatoire les sources, trésors, mines, etc. ». Puis un siècle se passe tranquillement, sans fait notable. Nous voilà en 1692, sous le règne de Louis XIV. Un dénommé Jacques Aymar, sourcier de son état, parvenait, rapportait la rumeur, à retrouver à l'aide d'une baguette, la trace d'assassins en partant du cadavre qu'ils laissaient sur place ! On ignore ce qu'il faut croire dans l'histoire de Jacques Aymar puisque ses travaux ne furent pas contrôlés scientifiquement, mais ce dont on est sûr, c'est que cette affaire fut le détonateur d'une polémique qui durera plus de deux siècles. Pour les uns, Jacques Aymar a découvert que des esprits subtils peuvent être détectés par la baguette, pour les autres, il ne peut s'agir que d'une manifestation du Diable !

Puis la baguette, trop fragile et peu pratique, va être remplacée par le pendule (dit « explorateur », par opposition aux énormes pendules des physiciens comme celui que Léon Foucault utilisa lors de sa célèbre expérience au

Panthéon destinée à mesurer le mouvement de rotation de la Terre : il pesait 28 kg et était suspendu à un fil d'acier de 67 mètres !). Il ne restait plus qu'à trouver un mot savant, qui serait au pendule ce que la rhabdomancie est à la baguette.

C'est l'Abbé Bouly qui, en 1930, inventa ce mot : la radiesthésie. A l'époque, on parlait beaucoup de radium, de radioactivité, des travaux de Marie Curie. Quoi de plus tentant que d'associer « radius » : rayon, avec « esthésie » : sensation, et de penser que le pendule permet de capter, de sentir des rayonnements.

Aujourd'hui, les recherches effectuées par différents physiciens (comme le professeur Yves Rocard) permettent d'affirmer que l'être humain réussit à détecter de l'eau ou des métaux (à l'aide d'un pendule ou d'une baguette) parce qu'il est soumis à trois phénomènes distincts :

1) c'est une variation locale du champ magnétique terrestre qui fait réagir le sourcier,

2) cette variation se traduit alors par un tremblement, véritable réflexe involontaire de la main (pendule) ou des deux mains (baguette),

3) ce tremblement est transmis à la main par le pendule ou la baguette qui jouent ainsi le rôle d' « amplificateur ».

Cependant, le professeur Yves Rocard fait une triple mise en garde :

1. En radiesthésie, il existe une multitude de signaux : il ne faut s'intéresser qu'à ceux qui sont « confortables » (c'est-à-dire : élevés). Par exemple, lorsqu'on approche une pièce en nickel de cinq francs, à dix centimètres du talon d'un bon magnétiseur, le pendule que celui-ci tient se met à tourner, alors que si on éloigne la pièce de vingt centimètres (elle se situe donc maintenant à trente centimètres du talon du sujet), le pendule reste immobile (car le champ magnétique produit par la pièce devient considérablement plus faible).

2. La rotation du pendule tenu par un « biomagnétiseur » (le professeur Rocard préfère ce terme à celui de pendulisant pour qualifier une personne ayant une bonne réception biologique des phénomènes magnétiques) est due à une baisse du tonus musculaire du sujet. Quelles sont les causes possibles de cette action de rotation ? Le magnétisme du sujet, sa fatigue physique, une maladie, la maladresse... et même la radioactivité.

En effet, le professeur m'a relaté l'extraordinaire expérience dont il a été témoin aux États-Unis, dans la banlieue de Washington. Hôte du docteur Harvalick, chef du service de recherches de l'A.D.S. (Américan Dowser Society), le professeur Rocard a constaté qu'un sourcier armé d'une baguette et passant au-dessus d'une source radioactive (du radio-cobalt, enfermé dans un coffre de plomb de 20 centimètres d'épaisseur) vit la baguette attirée vers le sol.

3. Les guérisseurs, qui recherchent un organe malade en pendulisant sur des planches anatomiques, ne font pas un acte scientifique : le signal qui pourrait provenir de cet organe malade est beaucoup trop faible dans le chaos magnétique de la pièce.

III. *Apprenez à manier le pendule*

Avant toute chose, tordons énergiquement le cou à une vieille légende tenace : pour être un radiesthésiste digne de ce nom, il faut travailler avec un pendule métallique attaché à un fil de cuivre. En réalité, il apparaît que toute masse reliée à un fil quelconque remplira parfaitement le rôle de pendule. Que la masse soit une bague, un caillou, un petit flacon ou une bille et que le fil soit fait de corde, de fer ou d'un cheveu n'a aucune importance.

En fait, il faut choisir le pendule qui vous correspond le mieux : ni trop léger ni trop lourd (de 20 à 50 grammes), un fil pas trop long (une dizaine de centimètres), dans n'importe quel matériau (verre, bois, cuivre ; seul le fer est proscrit en raison des risques d'actions magnétiques qu'il peut subir) et de n'importe quelle forme (sphérique, conique, cylindrique). Certains pendules sont parfois évidés de l'intérieur pour recevoir un élément témoin (pollen, échantillon de terre, fibres textiles...) permettant d'entrer en relation (les radiesthésistes utilisent le terme de « syntonisation ») avec le sujet concerné (malade, disparu...).

D'autres pendules sont équipés d'un pinceau ou d'une pointe sèche afin de pouvoir dessiner leur trajectoire sur le document de travail.

Voici, à titre d'exemple, quelques-uns des types de pendules utilisés fréquemment.

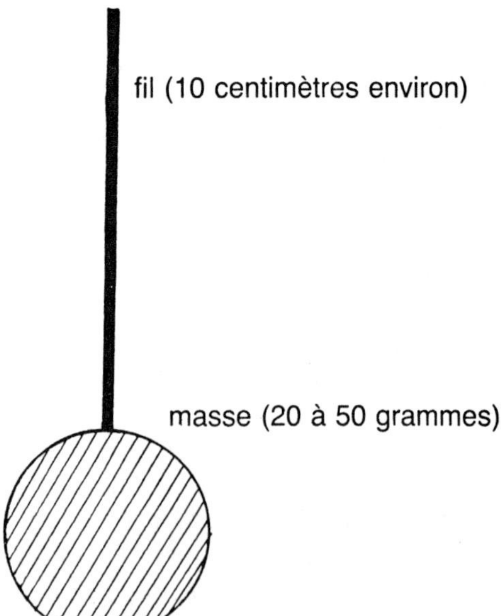

pendule de base

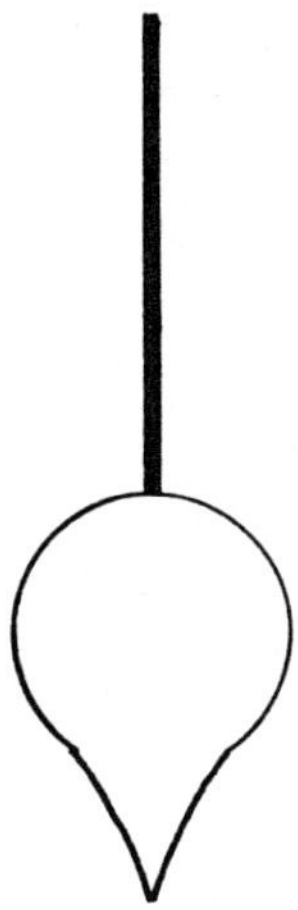

pendule sphérique

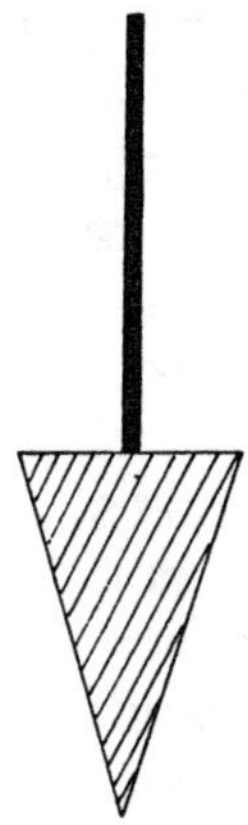

pendule conique

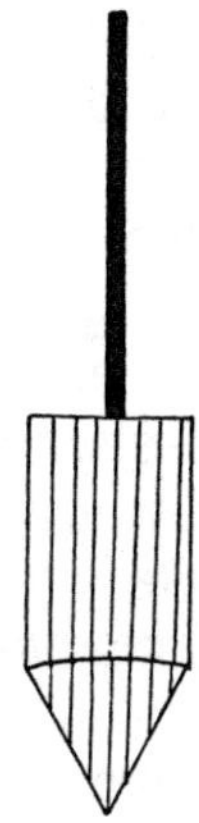

pendule
en cristal
de roche

pendule
cylindrique

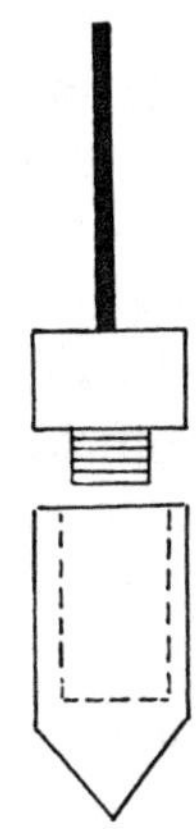

pendule
avec cavité
pour échantillon-témoin

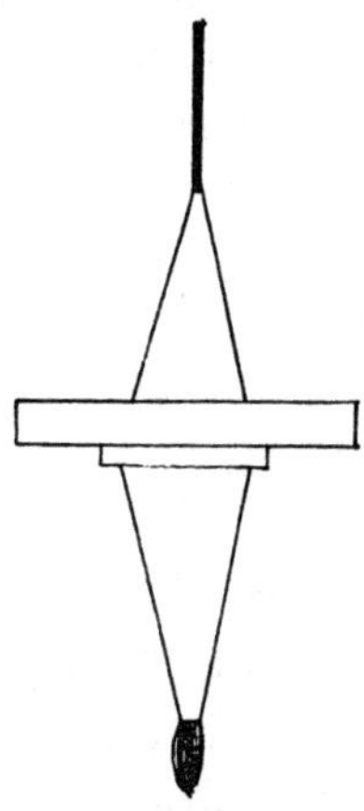

pendule
avec pinceau
pour dessin direct

Maintenant, si vous avez décidé de « penduliser », sachez que vous ne serez pas le seul car il paraît qu'il se vend 600 000 pendules chaque année en France ! De toutes formes et de toutes tailles. Ainsi, au cours de mon enquête, il n'a pas été rare de rencontrer des pendules insolites : gros médaillon au bout de sa chaîne, cylindre creux à l'intérieur duquel on glisse une mèche de cheveux ou un message écrit, boule d'ivoire portant un signe du zodiaque.

En réalité, tout cela n'est que folklore. Il n'y a qu'une seule chose dont on soit sûr : le pendule n'entre en mouvement qu'en fonction de deux paramètres liés au sujet qui le tient : ses propres réactions neuromusculaires et peut-être les conventions mentales qu'il se fixe lui-même.

IV. *La recherche des maladies au moyen du pendule*

En matière de radiesthésie médicale, la recherche est fondée sur quatre principes :

1. *L'acquisition d'une bonne sensibilité radiesthésique :* même pour un sujet doué au départ, n'oubliez pas qu'il faut s'entraîner sans cesse.

2. *La mise au point d'une convention mentale rigoureuse :* elle est spécifique à chaque pendulisant, mais la plus fréquente est celle-ci :

- *rotation positive* (sens des aiguilles d'une montre) — indique un organe fonctionnant plus ou moins bien ;
- *rotation négative* (sens contraire à celui des aiguilles d'une montre) — indique une lésion plus ou moins grave ;
- *oscillation dans un même plan :* indique le fonctionnement moyen d'un organe ;
- *mouvement anarchique :* indique que la question a été mal formulée.

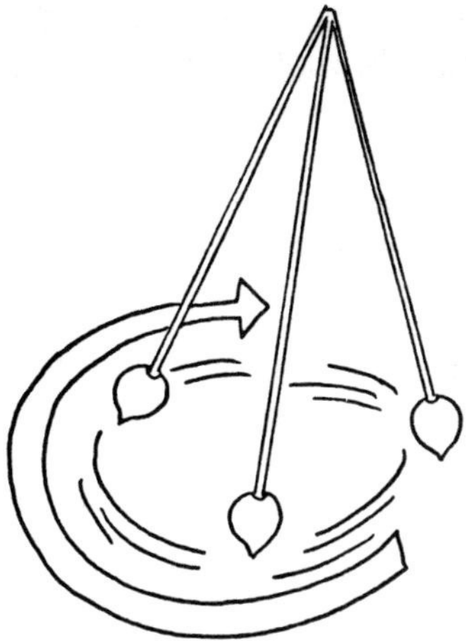

rotation
positive

rotation
négative

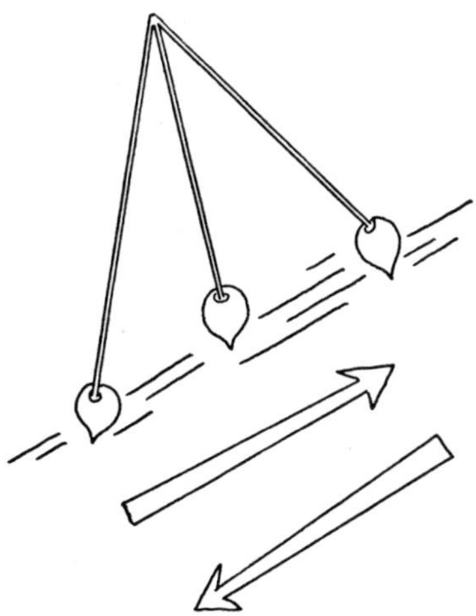

oscillation
dans un
même plan

3. *L'examen attentif du malade :* il peut se faire de différentes façons, à vous de choisir la méthode la mieux adaptée à votre tempérament.

— *par le pendule, en direct sur le malade ;*

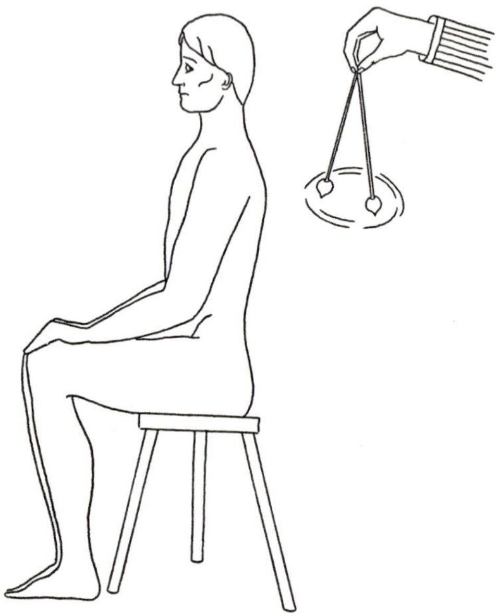

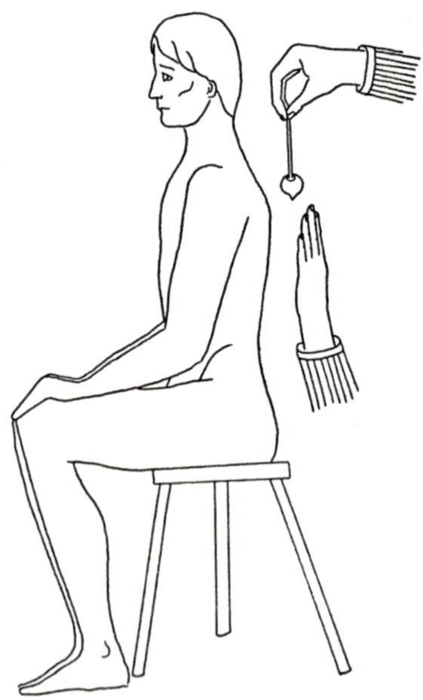

— *par la technique de l'antenne :* pendule en main droite et main gauche en imposition, à quelques centimètres du corps du patient, doigts tendus vers le ciel ;

— *par les planches anatomiques :* votre main gauche tient une main du patient et votre main droite promène le pendule sur des planches anatomiques ;

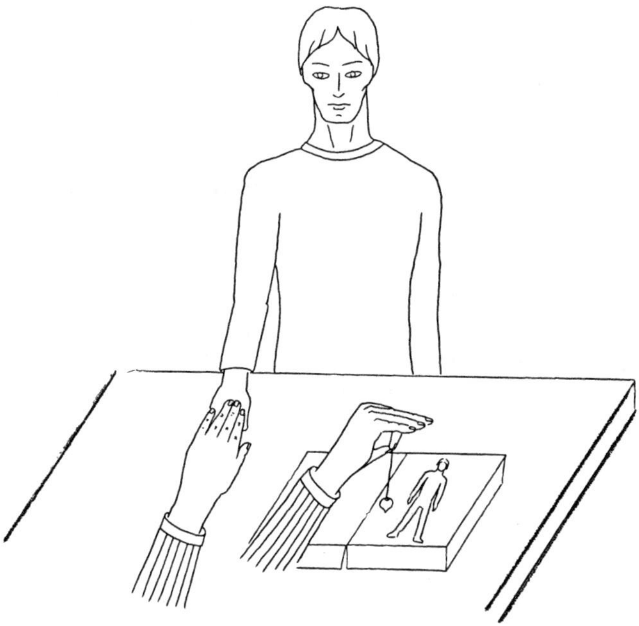

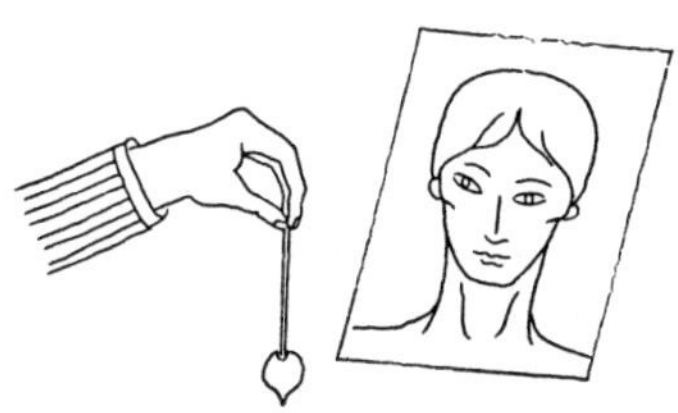

— *en travaillant sans malade, à distance, sur photo :* (avec l'aide ou non, de planches anatomiques).

4. *La formulation intelligente des questions*

Tous les radiesthésistes s'accordent à reconnaître que c'est la phase essentielle.

Le révérend Père Jurion écrivait à ce sujet : « *Bien formuler une question est un travail rationnel. Il faut contrôler la réalité du problème, le définir avec précision, l'analyser et le subdiviser en autant d'éléments simples qu'il est possible. La question ne doit comporter que deux réponses possibles : oui ou non, vrai ou faux.* »

Eh oui, la réponse du pendule repose sur le même principe binaire que celui qui régit toute l'informatique : OUI ou NON.

Ainsi, vous pouvez convenir que si, après une question, le pendule tourne dans le sens des aiguilles d'une montre, la réponse est : OUI. Dans le sens inverse : NON. Ensuite, il ne vous reste plus qu'à poser des dizaines ou des centaines de questions à votre pendule. Une belle école de patience !

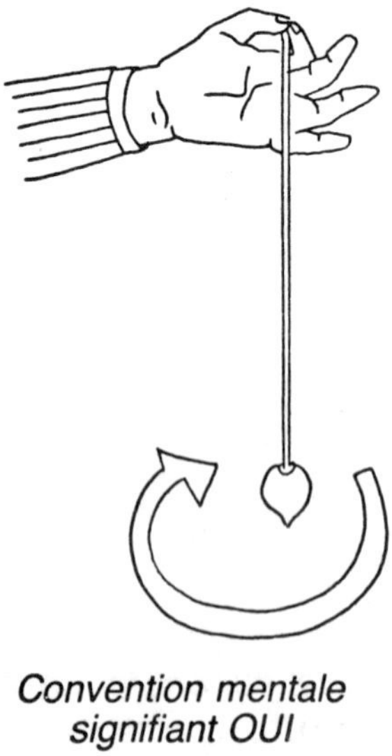

Convention mentale signifiant OUI

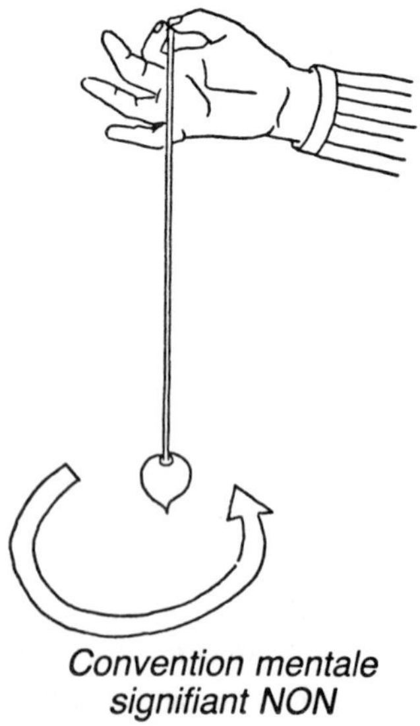

Convention mentale signifiant NON

Quand le diagnostic au pendule a été effectué par le guérisseur, celui-ci agit alors sur le patient :

— soit directement : par magnétisme, par suggestion...

— soit indirectement : en préconisant des remèdes homéopathiques, des oligo-éléments, des vitamines, des plantes (phytothérapie, aromathérapie, gemmothérapie). Dans ce cas, le guérisseur-radiesthésiste « teste » souvent la validité de son traitement à l'aide du pendule.

Voilà qui fait frémir d'effroi le corps médical qui assimile le pendule du magnétiseur à l'outil du charlatan. Le contentieux qui existe entre les deux communautés vient de là.

V. *Radiesthésistes et médecins : l'impossible dialogue*

Au cours de mon enquête, j'ai été confronté à un phénomène très fréquent : les magnétiseurs utilisent presque tous le pendule pour diagnostiquer la cause des souffrances de leur malade. Il faut cependant reconnaître que peu d'entre eux avouent officiellement pratiquer la radiesthésie car ils seraient alors immédiatement coupables d'exercice illégal de la médecine pour avoir émis un diagnostic.

On se retrouve donc face à la situation suivante : les guérisseurs diagnostiquent en posant des questions à leur pendule alors que les médecins le font en posant les leurs à leur patient.

Ces deux approches sont si fondamentalement opposées qu'il n'y a aucune chance pour qu'une coopération puisse s'établir entre les deux communautés, même si de nombreux médecins connaissent les principes de base de la radiesthésie. Peut-être parce que l'utilisation du pendule a, pour le corps médical, une connotation d' « outil de voyante » ou de « gadget parapsychologique », peu en harmonie avec leur approche rationnelle de la maladie.

Il arrive pourtant de surprendre des médecins en « flagrant délit de radiesthésie » ! Charles de Saint-Savin a révélé à ce sujet une savoureuse anecdote survenue à son ami le Dr Claoué.

« *Pour une raison quelconque, il avait été voir un grand pontife de la médecine. Quelle n'était pas sa surprise de voir sur le bureau un pendule de radiesthésiste. Le grand patron aurait bien voulu le faire disparaître, mais Claoué était bien trop heureux, lui qui défendait les guérisseurs, de marquer un point.*

— *Et quoi ! Monsieur le Professeur. Vous faites de la radiesthésie ?*

— *Non, mon cher, ce n'est pas moi, c'est ma femme. Je ne devrais pas vous dire ça, à vous Claoué, qui défendez les guérisseurs, ces illégaux, mais je suis extrêmement surpris de constater qu'avec son pendule, elle a souvent un diagnostic plus sûr et plus précis que moi-même avec tout ce que j'ai appris.*

Si on avait parlé d'enseigner la radiesthésie à la Faculté, il est pourtant fort vraisemblable que ce grand professeur n'aurait pas été le dernier à s'y opposer. »

L'un des plus grands théoriciens et praticiens de la radiesthésie médicale fut le Révérend Père Jurion, lequel, grâce à son pendule, choisissait les remèdes et prescrivait un traitement soigneusement dosé et personnalisé à chacun de ses patients. Il avait rédigé une méthode qu'il espérait voir appliquer par les médecins dans leur cabinet : rêve naïf ou anticipation scientifique ?

L'avenir nous le dira peut-être un jour. Pour l'heure, contentons-nous de voir comment fonctionne sa méthode, exposée dans « Thérapeutiques naturelles : radiesthésie médicale ».

« *Cette qualité révolutionnaire de la radiesthésie qui se manifeste dans certains domaines est singulièrement éclatante dans celui de la médecine. La radiesthésie permet d'aborder la pratique médicale d'une tout autre façon, selon une tout autre optique, plus directe et donc plus simple, tout en restant rationnelle. Le but de la pratique médicale est de soulager et de guérir.*

Le problème est donc de trouver la thérapeutique valable et d'en définir les modalités d'application pour un cas donné. Pour choisir cette thérapeutique, le médecin observe le malade et procède à des examens afin d'élaborer un diagnostic qui lui permette de composer un traitement.

La radiesthésie peut éviter ces démarches préliminaires en posant directement la question : " Cette thérapeutique convient-elle pour ce malade ? "

La solution est ainsi donnée sans avoir, auparavant, procédé à des examens ni sans avoir élaboré un diagnostic.

C'est ainsi qu'opèrent certains radiesthésistes : ils ne posent aucune question au malade ni sur ses maladies antérieures ni sur ses troubles actuels, afin, disent-ils, de ne pas se laisser influencer, mais, également, il faut l'avouer, afin " d'épater " le malade en lui signalant les maladies et opérations anciennes ainsi que les troubles actuels. Cette manière de faire est peu logique et peu raisonnable. Pourquoi supprimer l'interrogation qui nous donne ces renseignements d'une façon plus rapide et plus sûre et s'imposer une recherche fatigante qui ne peut être à 100 % sans erreurs ?

Cette méthode que nous proposons, la recherche directe du remède, indique bien la marche générale à suivre et surtout définit bien le genre de questions directement liées au but poursuivi, la guérison du malade.

Il faut donc procéder par éliminations successives en passant en revue les points essentiels de l'organisme et les divers éléments du traitement à composer.

La question la plus rationnelle nous semble être celle-ci : " Quelle fonction ou quel organe faut-il soigner ? ou plus exactement (cette question est ainsi très mal formulée radiesthésiquement, puisque le pendule ne peut que répondre par oui ou par non) : “ Dois-je chercher un remède pour tel organe ou pour telle fonction ? ”

Un premier choix est ainsi opéré qui réduit, en une première étape, le nombre des solutions possibles. D'autres questions analogues cerneront progressivement le problème pour aboutir à la solution idéale.

Un exemple : “ Faut-il accepter de soigner ce malade ? ” : Oui. — Faut-il chercher un remède pour le système circulatoire ? : Non. — Pour le système nerveux ? : Non. — Pour le système digestif ? : Oui. — Pour l'œsophage ? : Non. — Pour l'estomac ? : Non. — Pour la vésicule biliaire ? : Oui. — Quelle thérapeutique ? Allopathique ? (pourquoi pas ?) : Non. — Acupuncture ? : Non. — Homéopathie ? : Oui. — Un remède unitaire ? : Non. — Un complexe ? : Oui. — Du laboratoire X ? : Non. — Du laboratoire Y ? : Oui. — Le N° 112 ? : Oui. — 10 gouttes ? : Oui. — Une fois par jour ? : Oui. — Avant le repas de midi ? : Non. — Du soir ? : Oui. Voici un remède trouvé avec ses modalités d'application, d'une façon précise, sûre et personnalisée. »

Le Révérend Père Jurion fut incontestablement un pionnier de la radiesthésie « médicale » mais il a été peu suivi par ses confrères.

En effet, de nombreux radiesthésistes utilisent souvent le pendule pour « diagnostiquer » l'origine du mal dont souffre le patient mais rarement pour déterminer la thérapeutique adaptée à ce malade. Nous ne possédons hélas aucune statistique en ce qui concerne l'efficacité du pendule pour chacune de ces deux fonctions (diagnostic et thérapeutique) mais nous disposons par contre d'un chiffre troublant, publié dans le Parisien Libéré du 22 octobre 1985 et s'appliquant au domaine médical : « Aux États-Unis, en étudiant le corps de ceux qui viennent de mourir, les spécialistes de l'anatomo-pathologie viennent de faire une constatation inquiétante : 42 % des décès révèlent des erreurs ou imprécisions de diagnostic, ou l'échec des thérapeutiques ! »

Malheureusement, personne ne peut affirmer si l'utilisation du pendule aurait pu faire baisser sensiblement ce taux surprenant constaté par la médecine officielle.

VI. *Rencontre avec d'étonnants magnétiseurs-radiesthésistes*

Le pendule peut s'utiliser de différentes manières, nous l'avons vu. Chaque utilisateur a non seulement sa propre technique mais aussi sa propre finalité.

Parmi les milliers de magnétiseurs-radiesthésistes français, attardons-nous plus longuement sur trois d'entre eux, car leur approche, à chacun, est originale : Germaine Brevet traque les allergies, Jean-Louis Crozier recherche les personnes disparues et Jean-Claude Secondé diagnostique les maladies. Et tous les trois utilisent ensuite le magnétisme pour soigner leurs patients.

a) *Radiesthésie et allergies*

Germaine Brevet, qui habite Tours (mais elle ne pratique plus aujourd'hui), promène son pendule au-dessus de nombreuses petites boîtes contenant des poussières d'usines, de pollens, de fibres synthétiques. Quand il y a « syntonisation », c'est-à-dire accord entre les ondes du pendule et les ondes de la matière contenue dans l'une des boîtes, le pendule se met alors à tournoyer au-dessus de cette boîte. C'est le signal que guette Germaine Brevet et qui lui indique la matière à laquelle est allergique le patient qui lui fait face. Il ne lui reste plus, ensuite, qu'à agir par magnétisme sur le patient.

b) *Radiesthésie et personnes disparues*

De son côté, Jean-Louis Crozier, magnétiseur en Ardèche, 15 rue Grimaud 07200 Aubenas — Tél. 04.75.93.68.68, utilise son pendule pour diagnostiquer des maladies mais aussi pour rechercher des personnes disparues.

Pour travailler, une simple photo du disparu lui suffit (mais, ce qui est primordial, de la meilleure qualité possible et plutôt en noir et blanc). A partir de là commence sa lente et patiente recherche. Première étape : savoir si la personne disparue est toujours vivante. Pour cela, il tient la photo dans sa main gauche et promène son pendule au-dessus : si ce dernier tourne dans le sens des aiguilles d'une montre, le disparu est vivant. S'il tourne dans le sens inverse, il est mort. (Notons que Jean-Louis Crozier ne fait quasiment aucune erreur pour déterminer si la personne est morte ou vivante, comme l'attestent les conclusions de la gendarmerie nationale.)

A partir de ce constat, Jean-Louis Crozier s'efforce de localiser l'individu. Pour y parvenir, il travaille sur des cartes très précises : son pendule court alors à travers rivières, talus, forêts, routes, ponts, à la recherche du moindre petit écho de la personne à retrouver. Car pour Jean-Louis Crozier, son pendule joue le rôle d'un véritable amplificateur de l'écho émis par la photo et renvoyé par le disparu. La technique du radar, en somme. Avec modulation en plus : un écho très clair pour une personne sur terre, un écho plus faible pour une personne dans l'eau et un écho encore plus faible pour une personne enterrée.

Et cela donne des résultats étonnants. Depuis 30 ans qu'il pratique ce type de recherche, Jean-Louis Crozier a travaillé, à la date de fin décembre 1996, sur 1188 cas avec les résultats suivants : 259 personnes retrouvées à l'endroit précis indiqué par lui-même et dans l'état annoncé (mort ou vivant), 417 échecs (pour mauvaises localisations, mais Jean-Louis Crozier est très sévère avec lui-même car il considère que si une personne est retrouvée à plus de 500 mètres de l'endroit qu'il a désigné, c'est un échec !) ; le solde, 771 cas, est constitué de ceux sur lesquels ni la police ni les familles n'ont d'éléments nouveaux depuis la disparition. (Signalons qu'il a été obligé, rien que pour l'année 1985 de refuser 2080 dossiers de personnes disparues !)

Ces résultats ont beaucoup intéressé le Professeur Hans Bender, directeur de l' « Institut des zones frontières de la psychologie et d'hygiène mentale » à Fribourg (Allemagne). Pour ce grand scientifique, chercheur passionné en parapsychologie (télépathie, clairvoyance, rêves, maisons hantées, poltergeists...), Jean-Louis Crozier était un sujet idéal d'expérimentation. Il l'a donc soumis à plusieurs tests comme celui de l'enveloppe cachetée (un dessin a été placé dans une enveloppe et Crozier doit essayer de reproduire sur l'enveloppe ce que son pendule a détecté à l'intérieur : traits, courbes, chiffres, lettres...) ou celui de la bataille navale (il lui faut découvrir à l'aide du pendule les emplacements de bateaux placés sur la grille en Allemagne).

Pour terminer, notons que Jean-Louis Crozier a fait, seul, une passionnante expérience. C'était le 15 février 1961 et ce jour-là il y avait une éclipse totale de soleil. Il installa alors son pendule au-dessus d'un puits pendant toute l'éclipse : le pendule resta immobile. Dès que le soleil est réapparu, il s'est remis à osciller. Preuve manifeste que le soleil propage des ondes magnétiques, captées par le pendule... et par l'être humain.

c) *Radiesthésie et guérison*

Jean-Claude Secondé associe radiesthésie et magnétisme pour soigner ses patients. Je l'ai rencontré dans son bureau proche des Champs-Élysées où il exerce son métier (3 rue d'Artois, 75008 Paris. Tél. 01.42.25.44.65).

Jean-Claude Secondé, comment êtes-vous devenu radiesthésiste ?

Je dois tout à un homme formidable, hélas aujourd'hui disparu : le Révérend Père Jurion. Je l'ai rencontré alors que j'avais 14 ans et je l'ai revu plusieurs fois par la suite. C'est lui qui m'a conseillé de travailler sérieusement la technique du pendule. C'est donc grâce à ses conseils si j'exerce professionnellement mon métier de radiesthésiste-magnétiseur-naturopathe. Mais ce que j'ai appris, d'autres peuvent l'apprendre. La preuve : chaque jour, parmi les personnes qui viennent me consulter, j'en rencontre toujours plusieurs qui souhaitent connaître et pratiquer ma méthode. Pour obtenir de bons résultats, j'insiste sur la concentration nécessaire et surtout sur l'exercice régulier, quotidien du pendule. Il n'y a que comme cela qu'on progresse de façon sensible.

Est-ce facile de se servir d'un pendule ?

C'est facile si l'on suit les directives suivantes : se mettre en bonne condition, c'est-à-dire obtenir une excellente concentration et acquérir ensuite le réflexe neuro-musculaire. Ce dernier point est important car chacun de nous a deux façons de bouger sa main : soit volontairement, soit par réflexe.

C'est ce réflexe nerveux qu'il convient d'éduquer pour bien se servir d'un pendule. Car il ne faut pas oublier que le pendule est l'amplificateur des mouvements que nous avons à l'intérieur de notre corps.

Que peut-on détecter à l'aide d'un pendule de radiesthésiste ?

Avant tout, je tiens à donner ma définition de la radiesthésie. Pour moi, c'est l'art non pas de chercher mais de trouver quelque chose. Ce quelque chose peut être de l'eau (c'est la mission principale des sourciers) mais aussi des personnes disparues (à partir de photos ou d'objets de ces personnes, on travaille sur carte d'état-major). On s'aide également du pendule pour déceler les ondes nocives dans les habitations (une photo ou un plan suffisent), pour favoriser l'orientation professionnelle des adultes ou pour apprécier l'affinité dans un couple.

En ce qui me concerne, je pratique essentiellement le pendule pour soulager la douleur des êtres humains.

Pouvez-vous nous expliquer comment, avec un simple pendule — c'est-à-dire un fil auquel est suspendu une masse d'une trentaine de grammes — on peut réellement détecter des maladies ?

L'objectif principal que j'assigne à la radiesthésie est de détecter le lieu d'origine du mal, c'est-à-dire l'organe déficient chez le patient. Pour y parvenir, je demande à la personne qui vient me consulter de poser une main à plat sur mon bureau.

Je place alors mon pendule au-dessus de cette main pendant que mon index gauche parcourt un ensemble de planches anatomiques. La détection de l'origine de la maladie apparaît quand je constate une perturbation dans la course du pendule. Il suffit alors de regarder sur la planche anatomique quelle partie du corps humain se trouve sous mon doigt. Pour affiner l'étude, je prends une planche plus détaillée de l'organe trouvé afin de localiser plus précisément l'origine du mal. Arrivé à ce stade de détection, mon travail n'est pas encore terminé. Je tiens aussi à apporter les conseils que les gens qui viennent me voir sont en droit d'attendre. Ces conseils peuvent prendre différentes formes : consultation chez un spécialiste (gynécologue, dermatologue, endocrinologue, phlébologue, rhumatologue, etc.), préconisation de produits homéopathiques ou de métaux (oligo-éléments). Je m'aperçois hélas que les gens n'ont, en général, aucune notion de diététique. Or, pour être en bonne santé, il est capital de bien s'alimenter et de bien se rééquilibrer. Savez-vous, par exemple, que le persil non cuit est une excellente plante culinaire qui fournit beaucoup plus de vitamines C que le citron ? De même, le pollen apporte énormément de vitamines B. Tout cela, il importe d'en informer les gens pour leur donner le plaisir de mieux vivre.

Magnétiseurs et radiesthésistes face à la loi

Un guérisseur seul peut être vulnérable car pèse sur lui la menace permanente d'être accusé d'exercice illégal de la médecine. Intégré dans une association, il peut mieux se défendre. Voilà pourquoi il ne se passe pas une année sans qu'un ou deux groupements de guérisseurs ne voient le jour en France. J'ai décidé de vous présenter seulement les plus représentatifs, tant en ce qui concerne leur philosophie que leurs critères de recrutement.

Avant toute chose, rappelons que la finalité de ces groupements ou associations est double : d'abord obtenir une reconnaissance officielle de la part des Pouvoirs Publics. Pour cela, les groupements les plus sérieux proposent — en vue d'éliminer les farfelus, les charlatans et les escrocs — une sélection plus ou moins sévère de leurs membres, sous forme de tests à passer ou de témoignages de clients satisfaits à fournir. Ensuite protéger et défendre leurs membres en cas de procès intenté par le Conseil de l'Ordre des Médecins au nom du célèbre article L 372 du Code de la Santé Publique.

L'article L 372 du Code de la Santé

Rappelons que cet article qualifie celui qui exerce illégalement la médecine comme « toute personne qui prend part habituellement ou par direction suivie, même en présence d'un médecin, à l'établissement d'un diagnostic ou au traitement de maladies, ou d'affections chirurgicales, congénitales ou acquises, réelles ou supposées, par actes personnels, consultations verbales ou écrites ou par tous autres procédés quels qu'ils soient, sans être titulaire d'un diplôme, certificat ou autre titre mentionné à l'article L 356-2 et exigé pour l'exercice de la profession de médecin ».

Le Code de la Santé Publique précise, immédiatement après ce texte, tous les actes ou traitements susceptibles de donner lieu à application de l'article L 372 et provenant de nombreux jugements obtenus dans les tribunaux correctionnels depuis une trentaine d'années. Ces traitements « visés » sont au nombre de vingt-et-un, parmi lesquels les actes de magnétisme et de radiesthésie :

1. traitements psychanalytiques,
2. traitements psychothérapiques,
3. traitements diététiques,
4. traitements thalassothérapiques,
5. traitements de chirurgie esthétique,
6. certains traitements de beauté,
7. traitements d'acupuncture,
8. thérapeutiques précises au moyen d'un appareil mis en vente à l'occasion d'une ou plusieurs maladies déterminées,
9. traitements chiropractiques ou de vertébrothérapie,
10. traitements acoustiques,
11. diagnostics et traitements ophtalmologiques,
12. traitements par l'énergie électrique,
13. traitements orthopédiques,
14. traitements par massage,

15. traitements galvanothérapiques,
16. actes de magnétisme,
17. actes de radiesthésie,
18. actes d'hypnotisme et de spiritisme,
19. diagnostic des maladies du cuir chevelu,
20. traitements de sorcier et rebouteux,
21. traitements à base de péroxydases synthétiques présentés comme médicaments « miracles ».

Notons que le législateur a, par ailleurs, estimé que les « interventions d'ecclésiastiques constituent en principe des actes de foi et que d'autres interventions des ministres du culte peuvent être prises en considération » !

A la lecture de ces textes, on constate immédiatement qu'en dehors des personnes titulaires du diplôme d'État de Docteur en Médecine, aucun de nos contemporains souhaitant remplir son rôle de thérapeute vis-à-vis d'autrui ne pourra exercer son activité sans risques.

Mais, justement, que risque donc réellement celui qui passe outre le fameux article L 372 ? La réponse est simple : elle figure dans l'article 376 du même Code de la Santé : « Cette activité, lorsqu'elle est constatée, peut être pénalisée d'une amende de 3 600 francs à 30 000 francs et, en cas de récidive, de 18 000 francs à 60 000 francs, assortie d'une peine d'emprisonnement de 6 jours à 6 mois ou de l'une ou l'autre de ces deux peines seulement ». Ainsi, il paraît impossible d'aider son prochain sans être diplômé de la Faculté de Médecine.

L'analyse des derniers procès intentés à des magnétiseurs m'a amené aux constatations suivantes, confirmées par plusieurs guérisseurs : « Si vous êtes magnétiseur, ne pratiquez aucun diagnostic (ni pendule, ni « voyance »), ne préconisez aucun médicament, surtout pas par écrit (cela serait assimilé à une ordonnance), ne touchez pas votre patient (les passes magnétiques pouvant se faire à quelques centimètres du corps du malade), n'acceptez que les personnes ayant auparavant consulté leur médecin traitant, ne faites interrompre aucun traitement médical en cours... et, par précaution, recueillez le maximum de témoignages de guérison ou de soulagement que les patients vous auront fait parvenir (ajoutez-y quelques lettres de médecins vous adressant des malades : cela fera bon effet dans votre dossier face au juge) ! »

Reconnaissons que malgré cette permanente épée de Damoclès au-dessus de leur tête, — l'article L 372 — les guérisseurs continuent leur travail. Dans la plupart des cas, au sein d'associations ou de groupements qui les regroupent et les défendent.

Signalons que pendant « l'époque héroïque des guérisseurs », c'est-à-dire pendant les années 1950-1960, Maurice Mességué avait créé et présidé un mouvement baptisé « Le groupement des praticiens de la Médecine Libre » qui faisait des tournées d'informations dans toute la France, alertait la presse nationale, régionale et locale lors du procès d'un de ses membres et éditait un annuaire de tous ses adhérents intitulé « Les guérisseurs de France ». Ce mouvement n'existe plus aujourd'hui, mais d'autres l'ont remplacé.

Quelques adresses utiles

Centre français du magnétisme. 3, rue d'Artois, 75008 Paris, Tél. : 01 42 25 44 65.

Fondé et présidé par Jean-Claude Secondé, magnétiseur et ostéopathe, le Centre Français du Magnétisme a pour but de diffuser toutes les informations en sa possession sur le magnétisme : édition d'une revue (« Magnétisme expérimental »), organisation de « Journées du magnétisme », formation de magnétiseurs par cours oraux ou par correspondance.

GNOMA (Groupement National pour l'Organisation de la Médecine Auxiliaire). 8, rue du Charolais 75012 Paris. Tél. 01.53.17.00.01. Publie une revue bimestrielle : « Thérapeutiques Naturelles ».

Le GNOMA impose à ses membres un code déontologique en dix points :

1. Ne jamais oublier qu'être magnétiseur est avant tout une mission avant d'être un métier.
2. S'assurer qu'un diagnostic médical a été fait par un ou plusieurs médecins.
3. Ne soigner aucune maladie aiguë ou grave sans surveillance médicale.
4. Ne jamais faire cesser un traitement médical en cours.
5. Ne jamais prescrire ou recommander de produits toxiques, ni de sérums ou de vaccins.
6. Ne jamais se livrer à des interventions chirurgicales.
7. S'interdire toute publicité.
8. Ne pas recevoir dans un lieu public.
9. Se souvenir que le magnétiseur est astreint moralement au même secret professionnel que le médecin.
10. Manifester un esprit de franche et amicale collaboration avec les autres membres.

IFACE (Institut Français des Académies du Corps et de l'Esprit), 9 rue de Capri 75012 Paris. Tél. 01.43.40.07.95.

Se présente comme un centre de formation en « biomagnétisme humain », concept créé par Jean-Marie Bataille, naturopathe. Contre 8000 F, l'IFACE propose une formation sur 5 jours à temps plein (principaux chapitres : la radio-vitalité, la nutrition, le système circulatoire, les techniques de la bio-électromagnétisation).

A l'issue de ce programme, l'IFACE remet un diplôme de

bio-magnétiseur (qui n'a aucune reconnaissance officielle) et vous fait devenir membre de l'Académie française de bio-magnétisme humain, après acceptation de la Charte et versement d'une cotisation.

La Maison de la Radiesthésie, 16, rue Saint-Roch, 75001 Paris. Tél. 01.42.60.41.84.

Créée en 1925 par Alfred Lambert, elle est l'une des plus spécialisées du monde entier et présente des milliers d'ouvrages sur le magnétisme, la radiesthésie, l'homéopathie, l'acupuncture, les tarots, la voyance, l'astrologie.

On y trouve tout le matériel recherché par les passionnés de radiesthésie et d'ondes de forme : pyramides, baguettes, aimants et pendules. Pour ces derniers, il est proposé un choix d'une trentaine de modèles différents selon la matière : bois, cristal, agate, jade, laiton, cuivre, grès...

Syndicat national des radiesthésistes (SNR). 42, rue Manin, 75019 Paris. Tél. : 01.42.39.13.13.

Le SNR existe depuis 1954 et regroupe des radiesthésistes travaillant dans différends domaines : minéralogie, hydrologie, archéologie, biologie, phytologie, recherches policières.

Chaque membre du SNR est contraint de signer les neuf engagements suivants :

1. N'accepter que les malades qui ont consulté les médecins et suivi les traitements mais sans résultats appréciables.
2. Rechercher et favoriser la collaboration avec le corps médical, ne faire interrompre aucun traitement médical, et veiller à ce que tout malade atteint d'une maladie

grave ou chronique, soit suivi périodiquement par un médecin diplômé.

3. Ne prescrire aucun remède toxique à dose physiologique, mais seulement à dose homéopathique.
4. Ne jamais se livrer à une opération chirurgicale.
5. Ne jamais déconseiller une opération urgente.

6. N'appliquer que les thérapeutiques pour lesquelles la Commission d'Admission du SNR m'a reconnu valable.
7. Quant au local, et à la pluralité des cabinets, n'exercer que suivant les normes qui président à l'exercice de la médecine diplômée, dans ce domaine.
8. Ne faire que la seule publicité d'information, à l'exclusion de toute publicité personnelle abusive de propagande par placards dans la presse, prospectus, tracts, etc.
9. Manifester un esprit de franche et amicale collaboration avec les autres membres du S.N.R.

Le magnétisme et vous

Le magnétisme n'est pas un phénomène qui concerne seulement les autres. Vous-même pouvez être en contact avec ses manifestations ou en ressentir les effets. Si c'est le cas, ces pages vous sont réservées afin que vous puissiez y noter vos impressions, vos constatations, vos expériences. Si vous estimez que ces dernières sont intéressantes ou même originales, n'hésitez pas à remplir les pages réservées à cet effet et qui concernent les sujets suivants :

— test n° 1 : magnétisez un morceau de viande
— test n° 2 : magnétisez une plante
— test n° 3 : magnétisez de l'eau
— test n° 4 : faites réagir un pendule
— test n° 5 : faites le geste des Égyptiens.
— test n° 6 : faites la chaîne.
— test n° 7 : magnétisez à distance sur photo.
— vos autres expériences avec le magnétisme
— votre rencontre avec un magnétiseur
— la radiesthésie et vous.

Communiquez-moi vos écrits, (indiquez lisiblement vos nom, prénom, adresse, téléphone), en les envoyant à l'adresse suivante :

Jacques MANDORLA, c/o Jacques GRANCHER éditeur,
98, rue de Vaugirard 75006 Paris.

Etes-vous un bon magnétiseur ?

Utilisez chacune des fiches suivantes pour relater ici votre propre expérience, les effets constatés, la durée nécessaire aux réactions obtenues, les résultats mesurés et les commentaires que cela vous inspire.

Test n° 1 : magnétisez un morceau de viande.

Test n° 2 : magnétisez une plante.

Test n° 3 : magnétisez de l'eau.

Test n° 4 : faites réagir un pendule.

Test n° 5 : faites le geste des Égyptiens.

Test n° 6 : faites la chaîne.

Test n° 7 : magnétisez à distance sur photo.

Vos autres expériences avec le magnétisme

Faites-moi part de phénomènes insolites, étonnants, troublants, concernant le magnétisme, que vous auriez constatés personnellement au cours de votre existence.

Votre rencontre avec un magnétiseur

S'il vous est déjà arrivé de pénétrer dans le cabinet d'un magnétiseur (soit pour y être vous-même soigné, soit pour y voir traiter un proche) et que cette expérience personnelle vous a étonné, voire bouleversé, faites-moi part de cette rencontre en précisant qui était le magnétiseur (nom, prénom, adresse, téléphone), quelle maladie a été traitée, qui était le patient, comment se sont déroulées les séances de magnétisme, quel fut le résultat de cette thérapeutique...

La radiesthésie et vous

Relatez ici vos découvertes en radiesthésie, soit avec une baguette de sourcier, soit avec un pendule, au cours de vos recherches dans la nature ou sur l'homme.

Bibliographie

ALALOUF Serge : *Des mains qui guérissent* (Robert Laffont).
BAILLY, FRANKLIN et SERVAN : *De l'examen du magnétisme animal* (Slatkine).
BARONE Eric et MANDORLA Jacques : *ABC de l'hypnose* (Jacques Grancher).
CHASTENET DE PUYSEGUR : *Mémoires pour servir à l'histoire du magnétisme animal* (Dentu).
COERS Christian (docteur) : *Médecins ou magiciens* (Arthaud).
CREOLA Gilbert : *Le magnétisme à la portée de tous* (Le Hameau).
CROZIER Jean-Louis : *L'homme du dernier espoir* (Sand-Tchou).
DALET Roger (docteur) : *Supprimez vous-même vos douleurs par simple pression d'un doigt* (Opera Mundi).
DONNET Louis (docteur) : *Les aimants et votre santé* (Dangles).
DURVILLE Hector : *Magnétisme personnel ou psychique* (Perthuis).
FERMIER Jean-Daniel : *ABC de la numérologie* (Jacques Grancher).
FONTAINE Janine : *La médecine des 3 corps* (Robert Laffont).
JAGOT Paul-Clément : *Comment guérir par le magnétisme* (Dangles).
JURION Jean (Révérend Père) : *Radiesthésie médicale : La radiesthésie, techniques et applications* (Belfond).
KLOTZ Henri-Pierre (professeur) : *Du bon usage de la médecine* (Presse de la Renaissance).
LACROIX à l'HENRI René : *Manuel de radiesthésie* (Dangles).
LIBES Alain : *Les clés du corps* (Jacques Grancher).
MANDORLA Jacques et SIMPERE Françoise : *Le guide des guérisseurs et autres thérapeutes* (Philippe Lebaud).
MESMER Franz-Anton : *Le magnétisme animal* (Payot).
MESSEGUÉ Maurice : *C'est la nature qui a raison* (Robert Laffont).
– *Des hommes et des plantes* (Robert Laffont).
MOINE Michel : *Guérir par la radiesthésie* (Editions de l'Hermite).
REANT Raymond : *Pratiquez la parapsychologie* (Rocher).
– *La parapsychologie et l'invisible* (Rocher).
ROCARD Yves : *Le pendule explorateur* (ERG).

– *Les sourciers* (PUF).
– *Le signal du sourcier* (Dunod).
SAINT-SAVIN Charles (de) : *Le magnétisme et votre santé* (Librairie Courrier du Livre).
WANONO Émile : *Le magnétisme* (Ramsay).
WINOWSKA Maria : *Le vrai visage de Padre Pio* (Fayard).
WIRTH : *L'imposition des mains* (Trédaniel).

TABLE DES MATIÈRES

Cet ouvrage a été composé
*par l'***Imprimerie BUSSIÈRE**
et imprimé sur presse Cameron
par **Bussière Camedan Imprimeries**
à Saint-Amand-Montrond (Cher)
en mars 1997
pour le compte de Jacques Grancher, éditeur
98, rue Vaugirard, 75006-Paris

N° d'impression : 1/560.
Dépôt légal : mai 1988.

Imprimé en France